四川省工程建设地方标准

四川省绿色建筑运行维护标准

Code for operation and maintenance of
green building in Sichuan Province

DBJ51/T 092－2018

主编部门： 四 川 省 住 房 和 城 乡 建 设 厅
批准部门： 四 川 省 住 房 和 城 乡 建 设 厅
施行日期： 2 0 1 8 年 6 月 1 日

西南交通大学出版社

2018 成 都

图书在版编目（ＣＩＰ）数据

四川省绿色建筑运行维护标准 /四川省建筑科学研
究院主编. 一成都：西南交通大学出版社，2018.7
　（四川省工程建设地方标准）
ISBN 978-7-5643-6243-0

Ⅰ．①四… Ⅱ．①四… Ⅲ．①生态建筑 – 建筑设计 –
技术标准 – 四川 Ⅳ．①TU201.5-65

中国版本图书馆 CIP 数据核字（2018）第 129731 号

四川省工程建设地方标准

四川省绿色建筑运行维护标准

主编单位　四川省建筑科学研究院

责 任 编 辑	杨　勇
封 面 设 计	原谋书装
出 版 发 行	西南交通大学出版社 （四川省成都市二环路北一段 111 号 西南交通大学创新大厦 21 楼）
发 行 部 电 话	028-87600564　028-87600533
邮 政 编 码	610031
网　　　址	http: //www.xnjdcbs.com
印　　　刷	成都蜀通印务有限责任公司
成 品 尺 寸	140 mm × 203 mm
印　　　张	3.25
字　　　数	79 千
版　　　次	2018 年 7 月第 1 版
印　　　次	2018 年 7 月第 1 次
书　　　号	ISBN 978-7-5643-6243-0
定　　　价	29.00 元

关于发布工程建设地方标准
《四川省绿色建筑运行维护标准》的通知

川建标发〔2018〕352 号

各市州及扩权试点县住房城乡建设行政主管部门，各有关单位：

由四川省建筑科学研究院主编的《四川省绿色建筑运行维护标准》已经我厅组织专家审查通过，现批准为四川省推荐性工程建设地方标准，编号为：DBJ51/T 092－2018，自 2018 年 6 月 1 日起在全省实施。

该标准由四川省住房和城乡建设厅负责管理，四川省建筑科学研究院负责技术内容解释。

四川省住房和城乡建设厅

2018 年 4 月 12 日

前　言

本标准是根据四川省住房和城乡建设厅《关于下达工程建设地方标准〈四川省绿色建筑运行维护技术规程〉的通知》（川建标发〔2016〕807 号）的要求，由四川省建筑科学研究院会同有关单位共同编制而成的。

本标准的编制是为了规范四川省绿色建筑的运行与维护，解决绿色建筑技术在运行阶段的贯彻落实问题，促进绿色建筑的健康可持续发展。

本标准编制过程中，编制组广泛调查研究，认真总结实践经验，参考国内外相关标准，并在广泛征求意见的基础上，编制本标准。

本标准共 8 章，主要技术内容包括：总则、术语、基本规定、建筑调适、运行、维护、管理、运行维护评价。

本标准由四川省住房和城乡建设厅负责管理，由四川省建筑科学研究院负责具体技术内容的解释。执行过程中如有意见或建议，请寄送至四川省建筑科学研究院（地址：成都市一环路北三段 55 号；邮政编码：610081；联系人：高波；E-mail：183499579@qq.com）。

主 编 单 位：四川省建筑科学研究院

参 编 单 位：四川省建筑工程质量检测中心

四川大学

西南交通大学

四川省建筑设计研究院

四川华西安装工程有限公司

四川建设工程监理公司

成都市墙材革新建筑节能办公室

四川建源节能科技有限公司

主要起草人： 高　波　　于　忠　　张仕忠　　倪　吉

徐　龙　　王家良　　张　红　　乔振勇

于佳佳　　巫朝敏　　黄渝兰　　韦延年

马　聪　　蒋仕平　　徐斌斌　　王　军

张　炜　　周正波　　黎　力　　杨开福

李　阳　　赖　力　　郑　敏　　袁中原

曾　超　　陈　刚

主要审查人： 刘小舟　　冯　雅　　陈　勇　　金晓西

龙恩深　　唐　明　　罗进元　　蓝　天

唐文辉

目 次

Contents

1 总 则

1.0.1 为贯彻国家建筑技术经济政策，节约资源，保护环境，推进可持续发展，规范绿色建筑运行维护，做到低碳、节能、节地、节水、节材和保护环境，保证实际效果，制定本标准。

1.0.2 本标准适用于新建、扩建和改建的绿色民用建筑的运行维护。

1.0.3 绿色建筑的运行维护，除应符合本标准的规定外，尚应符合国家和四川省现行有关标准的规定。

2 术 语

2.0.1 能效测评 energy performance evaluation

对反映建筑物能源消耗量及建筑物用能系统效率等性能指标进行检测、计算，并给出其所处水平的活动。

2.0.2 调试 test, adjust and balance

通过对建筑设备系统测试、调整和平衡，使系统达到无生产负荷的设计状态。

2.0.3 建筑调适 building commissioning

通过在建筑建造、运行维护等阶段的监督和管理，对建筑进行调试验证、性能测试验证、季节性工况验证和综合效果验收，实现建筑安全、高效地运行和控制的工作程序和方法。

2.0.4 调适顾问 commissioning consultant

在调适工作中负责整个调适工作，控制调适进度，协调并实施各项调适任务。调适顾问可由业主、设计单位、总承包商或第三方服务机构担任。

2.0.5 室内空气质量参数 indoor air quality parameter

室内空气中与人体健康有关的物理、化学、生物和放射性参数。

2.0.6 颗粒物(粒径小于等于 2.5 μm)particulate matter（$PM_{2.5}$）

环境空气中空气动力学当量直径小于等于 2.5 μm 的颗粒物，也称细颗粒物。

2.0.7 无成本/低成本运行措施 no cost/low cost operation measurements

在对建筑全面调查和测试诊断的基础上，充分挖掘和利用现有资源，实施采用成熟可靠的控制优化运行策略、完善物业管理、节能效果明显、无需再投资/投资回收期较短的节能运行措施。

2.0.8 建筑能源管理系统 building energy management system

对建筑变配电、照明、电梯、供暖、空调、给排水等设备的能源使用状况进行检测、统计、评估等的软硬件系统。

2.0.9 行为节能 energy-saving of occupant behavior

通过人为设定或采用一定技术手段或做法，使建筑相关能耗系统运行向着人们需要的方向发展，减少不必要的能源浪费和有利于节能的行为。

3 基本规定

3.0.1 绿色建筑的运行维护应包括建筑调适、交付、运行、维护和制度管理等活动。

3.0.2 绿色建筑的室内环境质量参数应符合现行国家和地方相关标准的规定。

3.0.3 绿色建筑运行维护应根据建筑工程实际情况编制运行维护技术手册。

3.0.4 绿色建筑的运行维护宜采用建筑信息与智能化管理。

3.0.5 绿色建筑所采用的相关运行维护制度、技术文件和合同文件的技术条款应符合本标准的规定。

4 建筑调适

4.1 一般规定

4.1.1 建筑设备系统应进行建筑调适，建筑围护结构等系统宜进行建筑调适。

4.1.2 建筑调适应先组建调适团队并制订调适计划。

4.1.3 建筑调适团队应由业主代表、设计单位、调适顾问、物业单位、施工单位、设备及系统相关方等单位成员组成。

4.1.4 调适计划应明确调适目标、调适对象、参与方的职责、调适流程、调适人员、时间计划及相关配合要求等事宜。

4.2 调适过程

4.2.1 建筑调适应包括但不限于现场检查、设备及材料性能测试、平衡调试验证、自控性能验证、系统联合运转验证、综合效果验收、人员培训等过程。

4.2.2 调适对象的设备及材料实测性能与名义性能或设计要求相差较大时，应分析其原因并进行整改。

4.2.3 平衡调试验证阶段应进行空调风系统与水系统平衡验证，平衡合格标准应符合现行地方标准《建筑节能工程施工质量验收规程》DB51/5033 的相关要求。

4.2.4 自控性能验证应分为单点、单机及系统共三个层级进行，控制功能应工作正常，符合设计要求。

4.2.5 系统联合运转验证应对调适对象的设备性能、自控功能及系统间相互配合等进行验证，确保调适对象满足设计及使用要求。

4.2.6 综合效果验收应包括调适对象的运行状态及运行效果的验收，调适对象应满足不同负荷工况及用户的使用要求。

4.3 交 付

4.3.1 调适对象交付应在综合效果验收合格后进行，交付内容应包括调适对象交接、运维人员培训、调适报告交付等。

4.3.2 调适对象交付时，应对运行维护人员进行培训，培训由建设单位组织实施，培训应包括但不限于下列内容：

  1 日常和紧急情况操作说明；

  2 调节装置操作说明；

  3 维护、检修要求和步骤；

  4 系统手册及其运行记录的维护和更新。

4.3.3 调适报告根据调适系统特性，宜包括下列内容：

  1 调适计划；

  2 各阶段调适工作记录；

  3 现场检查报告；

  4 系统平衡验证报告；

  5 自控验证报告；

  6 系统联合运行评估报告；

  7 问题日志；

  8 培训记录及培训使用手册；

  9 其他相关问题及解决方案。

5 运 行

5.1 一般规定

5.1.1 建筑系统的设计、施工、验收、调适、运行管理记录等技术文件应齐全。

5.1.2 运行过程中产生的废气、污水等污染物应达标排放，废油、污物、废工质应按国家现行标准的有关规定收集处理。

5.1.3 能源系统应按分类、分区、分项计量数据进行管理。

5.1.4 建筑设备系统运行过程中，应优先采用无成本/低成本运行措施。

5.1.5 建筑再调适计划应根据建筑负荷和设备系统的实际运行情况适时制定，调适周期不宜大于 5 年/次。

5.2 暖通空调系统

5.2.1 室内运行设定温度，冬季不应高于设计值 2 ℃，夏季不应低于设计值 2 ℃。

5.2.2 采用集中空调的建筑，运行过程中的新风量应根据实际室内人员状况进行按需调节，并应符合现行国家标准《民用建筑供暖通风与空气调节设计规范》GB 50736 的有关规定。

5.2.3 制冷设备机组的出水温度宜根据室外气象参数、除湿负荷的变化以及室内人员需求进行设定。

5.2.4 空调系统在过渡季节宜根据室外气象参数实现全新风

或可调新风比运行，宜根据新风和回风的焓值控制新风量和工况转换。

5.2.5 采用变频运行的水系统和风系统，变频设备的频率不宜低于 30 Hz。

5.2.6 冷却塔的出水温度设定值宜根据进水温度和室外空气湿球温度共同确定，并宜根据室外气象参数进行变化；冷却塔风机运行数量及转速宜根据冷却塔的出水温度进行调节；应设置冷却塔水质监测措施。

5.2.7 冷水机组冷凝器侧污垢热阻，宜根据冷水机组的冷凝温度和冷却水出口温度差的变化监控。

5.2.8 建筑宜通过调节新风量和排风量，维持相对微正压运行。

5.2.9 多台空调机组并联运行的系统，实际运行中应符合下列要求：

　　1 机组运行宜采取群控方式，根据系统负荷的变化合理调配机组运行台数，保证各机组使用时间均衡；

　　2 应以实际运行工况下的机组能效情况，合理选择运行机组，保证机组在高效区间内运行；

　　3 应关断不运行机组支路的阀门，关断阀门应采用缓闭方式；

　　4 对于多台机组同时运行，应调整不同机组间的流量分配，使流量与负载相匹配；

　　5 有条件时，在同等节能的运行策略下，应优先启动总运行时间较少的机组。

5.2.10 空调冷冻水系统分、集水器之间电动旁通阀开度应满足系统负荷变化的要求，不应处于常开状态。

5.2.11 建筑使用时宜根据气候条件和建筑负荷特性充分利用夜间预冷。

5.3 给排水系统

5.3.1 给排水系统运行过程中，应按水平衡测试的要求进行运行管理，降低管网漏损率。

5.3.2 给水系统应无超压出流现象，用水点供水压力不应小于用水器具要求的最低工作压力。

5.3.3 节水灌溉系统运行模式宜根据气候和绿化浇灌需求及时调整。

5.3.4 根据雨水控制与利用的设计情况，应保证雨水入渗设施完好，多余雨水应汇集至市政管网或雨水调蓄设施。

5.3.5 景观水系统运行时，应利用非传统水源补水，且应保证补水量记录完整，水质应达到国家现行标准要求。

5.3.6 循环冷却水的运行中，应确保冷却水节水措施运行良好，水质应达到国家现行标准要求。对冷却塔蒸发耗水量和补水量进行定期记录和分析，应保证冷却塔的蒸发耗水量占冷却补水量的比例不低于80%。

5.3.7 公共建筑采用电开水器供应饮用水时，应符合下列要求：

　　1 应优先选用热效率高、保温良好、自带自控系统、加热方式为分层加热或分水箱加热的电开水器；

　　2 应根据建筑使用情况合理制定电开水器的工作时间，非工作时间切断电源；

　　3 宜对电开水器用电进行单独计量。

5.3.8 设有卫生热水系统的建筑，应符合下列要求：

1 热水供应系统应保证干管和立管中的热水循环，宜采用支管热水循环系统；

2 在满足配水点处最低温度要求的条件下，根据热水供水管线长短、管道保温情况等适当采用低的供水温度；

3 对硬度大的冷水应根据实际情况采取适当的水质软化或水质稳定措施。

5.3.9 室内空调设备的冷凝水应有组织地排放。

5.4 电气与控制系统

5.4.1 变压器应实现经济运行，提高利用率。

5.4.2 各相负载应均衡调整，配电系统的三相负载不平衡度不应大于15%。

5.4.3 对容量大、负荷平稳且长期连续运行的用电设备，宜采取无功功率就地补偿措施，低压侧电力系统功率因数宜为0.93~0.98。

5.4.4 应定期对配电系统的谐波进行测量，超出限值宜采取技术措施治理。

5.4.5 蓄能装置运行时间及运行策略宜利用峰谷电价差合理调整。

5.4.6 电梯运行方式宜采取电梯群控（两台以上）、扶梯自动启停、电梯能量回馈系统等节能措施。

5.4.7 智能化控制系统应工作正常，运行记录完整，运行效果和稳定性满足建筑运行与管理的需要。

5.4.8 当项目照明系统采用人工控制时，应根据实际需求定时

对公共区域的照明进行通断控制;当设置有智能照明控制装置时,应采取下列节能运行措施:

    1 天然采光良好的场所,按照度值变化自动通断照明灯具;

    2 公共走廊、楼梯间等场所采用红外、声控等感应节能控制措施;

    3 门厅、电梯厅、地下停车场等场所采取分区、定时、感应等节能控制措施;

    4 景观照明应制定平日、一般节假日及重大节日的灯控时段和控制模式。

5.5 可再生能源系统

5.5.1 可再生能源利用系统,应定期进行能效测评,测评周期不宜大于 5 年/次。

5.5.2 太阳能光热/光伏系统应按下列要求进行运行:

    1 定期检查过热保护功能,避免空晒和闷晒损坏太阳能集热器;

    2 应定期清洗集热器和光伏组件;

    3 冬季运行前,应检查防冻措施。

5.5.3 可再生能源系统应进行单独计量。

5.5.4 可再生能源系统同常规能源系统联合运行时,宜优先运行可再生能源系统。

5.5.5 地埋管地源热泵系统应制定合理的系统运行控制策略,保证土壤的热平衡和系统的稳定运行。

5.6 建筑室内外环境

5.6.1 空调通风系统的室外新风引入口周围应保持清洁，新风引入口与排风口不应短路。

5.6.2 除指定吸烟区外，公共建筑内应设置禁止吸烟标识。室内吸烟区应设置烟气捕集装置，将烟气排向室外。室外吸烟区与建筑的所有出入口、新风取风口和可开启外窗之间最近点距离不小于 7.5 m。

5.6.3 应合理规划垃圾物流，对生活废弃物应分类收集，垃圾容器应设置规范、合理，且收集和处理过程中无二次污染。

5.6.4 公共建筑运行过程中，由于功能调整变更，需要进行局部空间污染物排放时，宜增加相应补风设备或系统，并采取联动调节方式。

5.6.5 宜采用空气净化装置控制室内空气品质。

5.7 监测与能源管理

5.7.1 建筑能源使用状况应进行监测、统计和评估，建筑能耗监测系统宜具备数据处理和分析功能。

5.7.2 公共建筑宜定期进行能源审计，周期不宜大于 3 年/次。

5.7.3 绿色建筑运行维护过程中，应建立能源计量管理技术措施。

5.8 数据统计分析与利用

5.8.1 建筑能源使用情况应分别进行记录和统计：

    1 应对建筑用水进行记录和统计；

2 宜按功能区对建筑供暖空调系统耗热、耗冷量进行记录和统计；

3 应对照明插座用能、动力用能、供暖空调系统用能及其他特殊用能进行记录和统计。

5.8.2 对建筑能耗数据的分析宜按照下列方式进行：

1 按照系统的运行周期分析建筑的运行数据和系统能耗，掌握用能规律及特点；

2 根据系统运行数据，掌握建筑使用强度、室外气象参数、供暖空调系统耗冷/耗热量、耗电量、燃气用量、蒸汽用量等运行参数的变化趋势；

3 根据分析结论制定节能运行策略，并对建筑设备系统进行调适。

5.8.3 应健全项目用水三级计量仪表设置并对建筑用水建立用水档案。

5.8.4 运营管理人员宜通过分析建筑长期运行数据，建立建筑耗能量与室外环境条件、运营情况、运营时间等的对应关系，找出建筑耗能量影响最敏感的因素作为节能运行的主要依据。

6 维 护

6.1 一般规定

6.1.1 绿色建筑维护应按时进行日常巡检和维护，发现隐患应及时排除和维修。

6.1.2 设备维护保养应符合设备保养手册要求，并应严格执行安全操作规程。

6.1.3 各类设备维修应通过对系统的专业分析确定维修方案。

6.1.4 修补、翻新、改造时，宜优先选用本地生产的建筑材料。

6.1.5 绿色建筑应制订科学合理的保养工作计划，并建立设施设备全生命期档案，保证无故障运行。

6.1.6 绿色建筑设备的能效如已处于衰减期，且衰减后的设备不能满足建筑功能需求，应进行维修或更换。

6.2 围护结构与材料

6.2.1 建筑外围护结构的热工性能应每年进行一次检查。

6.2.2 修补、翻新、改造时，应符合下列要求：

    1 建筑材料和装饰装修材料有害物质含量应符合国家现行有关标准的规定；

    2 不应影响建筑结构安全性、耐久性，且应不降低外围护结构的保温隔热性能；

    3 可变换功能的室内空间宜采用可重复使用的隔墙和隔断；

    4 宜合理采用可再利用材料或可再循环材料。

6.3 设 备

Ⅰ 暖通空调

6.3.1 暖通空调系统应每年不低于两次对空气过滤器、表面冷却器、加热器、加湿器、冷凝水盘等部位进行全面检查和清洗。

6.3.2 暖通空调系统应每月不低于一次对阀门、仪表及法兰等部位进行检查。

6.3.3 公共建筑内部厨房排风、厕所排风、地下车库排风等排风口，应每月不低于一次进行全面检查。厨房排风口和排风管宜进行必要的油污处理。

6.3.4 设备及管道的绝热设施应每年不低于两次进行检查，保温、保冷效果检测应符合现行国家标准《设备及管道绝热效果的测试与评价》GB/T 8174 的有关规定。

6.3.5 排风能量回收系统，宜每年每个运行季节不低于一次进行检查及清洗。

6.3.6 空调通风系统的清洗应按现行国家标准《空调通风系统清洗规范》GB 19210 的要求进行且每三个月不低于一次清洗。

6.3.7 地下水地源热泵系统应每两个月不低于一次对取水和回灌井做清洗处理，并定期对旋流除砂器及设备入口的过滤器进行清洗。

6.3.8 暖通空调水系统的水质、管路、阀门等，宜每个运行季节不低于两次进行检查及清洗。

Ⅱ 给水排水

6.3.9 给水系统应每半年不低于一次检测水质，保证用水安全。

6.3.10 非传统水源出水设施应每月不低于一次进行检查，并对水质、水量进行检测及记录。非传统水源应满足现行国家标准《城市污水再生利用城市杂用水水质》GB/T 18920 的要求，作为景观水使用时应满足现行国家标准《城市污水再生利用景观环境用水水质》GB/T 18921 的要求，作为冷却水补水时应满足现行国家标准《采暖空调系统水质》GB/T 29044 的要求。

6.3.11 建筑的供水管网、仪表和阀门应每月不低于一次进行检查。

6.3.12 卫生器具更换时，不应采用较低用水效率等级的卫生器具。

6.3.13 雨水基础设施及雨水回收系统应每两个月不低于一次进行检查维护。

6.3.14 热水系统应每两月不低于一次检测水质和水温，保证用水安全。

Ⅲ 建筑电气

6.3.15 高压配电系统应每天两次进行巡检并做好记录，保证安全稳定运行。

6.3.16 低压配电系统的配电室每班一次进行巡检并做好记录，保证安全稳定运行。

6.3.17 电梯应每半月不低于一次进行检查检修和维护保养并做好记录，保证电梯的安全稳定运行。

6.3.18 普通照明灯具应每周不低于一次进行检查，消防应急灯具应每季度不低于一次进行检查，及时更换损坏和光衰严重的光源；照明灯具有污染的应及时进行清洗。

6.3.19 自动控制系统的传感器、变送器、调节器和执行器等基本元件应每周不低于一次进行检查和维护。

6.3.20 建筑智能化管理系统的工作性能每月不应低于一次进行检查和维护。

6.4 绿化及景观

6.4.1 应制定并公示绿化及景观管理制度，并严格执行。

6.4.2 景观绿化应按管理制度进行维护管理，并应及时栽种、补种。

6.4.3 景观绿化区域应采用无公害病虫害防治技术，应规范杀虫剂、除草剂、化肥、农药等化学药品的使用，不应对土壤和地下水环境造成损害。

6.4.4 当有特殊空间绿化时，应每三个月不低于两次进行牵引和理藤。

6.4.5 节水灌溉系统应每月不低于一次检查，保证其有效运行。

6.4.6 绿化改造时，不得改变原有建设用地中绿地性质，透水地面不得进行地面硬化。

6.4.7 建筑小品、水池等景观每周不低于一次进行全面检查和维护。

6.4.8 绿化及景观植物应根据植物习性和种类定期进行修剪。

6.4.9 屋顶绿化的建筑屋面防水和保温性能每年不低于一次进行检查。

7 管 理

7.1 一般规定

7.1.1 业主单位应在选聘绿色建筑运行维护管理单位过程中明确绿色建筑运行维护管理要求，运行维护管理单位应在物业管理工作开始前结合绿色建筑的特点，对建筑的基础建设和重要系统设备等进行接管验收，必要时，在规划、设计、施工阶段征求运行维护管理人员的意见。

7.1.2 运行维护管理单位在制定相关管理规章时宜按相关管理体系及现行国家标准《能源管理体系要求》GB/T 23331 的有关规定执行。

7.1.3 运行维护管理单位应结合绿色建筑的技术要求和本标准要求制定完善的运行维护操作规程、工作管理制度、经济管理制度等。

7.1.4 运行维护管理单位应建立绿色教育宣传机制，编制绿色设施使用手册，并引导用户开展行为节能、环保宣传教育。

7.1.5 运行维护管理单位应针对接管验收资料、基础管理措施、运行维护记录建立规范的管理档案，并制定档案管理制度。

7.2 运行管理

7.2.1 运行维护管理单位应针对建筑基础建设和重要系统设备制定运行操作规程，明确责任人员职责，合理配置专业技术人员。针对绿色建筑运行应制定下列专项管理制度：

1 废水、废气、固态废弃物及危险物品管理制度；

2 绿化、环保及垃圾处理专项管理制度；

3 设备设施与运行状态的监测方法、操作规程及故障诊断与处理办法；

4 设备设施运行产生的振动及噪声专项管理制度。

7.2.2 运行管理人员应具备相关专业知识，熟练掌握有关系统和设备的工作原理、运行策略及操作规程，且应经培训后方可担任职责。

7.3 维护管理

7.3.1 对物业设施设备的维护保养应制定管理制度。

7.3.2 物业设施设备的维护保养应制定保养方案和保养方法，并应严格执行安全操作规程。

7.3.3 物业设施设备的维护保养应实施过程信息化，并应建立预防性维护保养机制。

8 运行维护评价

8.1 一般规定

8.1.1 应以单栋建筑或建筑群为评价对象。评价单栋建筑时，凡涉及系统性、整体性的指标，应基于该栋建筑所属工程项目的总体进行评价。

8.1.2 绿色建筑运行维护管理的评价和监督应允许并接受有关单位、专家和公众以适当的方式参与。

8.2 评价方法

8.2.1 绿色建筑运行维护评价指标体系可分为三级指标：一级由建筑调适、运行、维护、管理四类指标组成；二级指标为一般规定和评分项；三级指标为具体的条文。

8.2.2 一般规定为控制项，评价结果应为满足或不满足；评分项的评价结果为分值。

8.2.3 各类指标的评分项总分均为 100 分。四类指标各自的评分项得分 Q_1、Q_2、Q_3、Q_4 应按参评该类指标的评分项实际得分值除以适用于该建筑的评分项总分值（由于部分技术建筑未采用，评价指标体系中的三级指标可不参评）再乘以 100 分计算。

8.2.4 绿色建筑运行维护管理评价的总得分可按下式进行计算，其中评价指标体系 4 类指标的评分项的权重 $w_1 \sim w_4$ 按表8.2.4取值。

$$\Sigma Q = w_1 Q_1 + w_2 Q_2 + w_3 Q_3 + w_4 Q_4$$

表 8.2.4 绿色建筑运行维护管理各类指标的权重

指标	建筑调适 w_1	运行 w_2	维护 w_3	管理 w_4
权重	0.20	0.50	0.20	0.10

8.2.5 根据评价得分，评定结果可分成三个等级，水平由低到高依次划分为 1A（A）、2A（AA）、3A（AAA），对应的分数分别为大于等于 50 分、大于等于 60 分、大于等于 80 分。

8.2.6 评价指标体系及各权重指标的分值可按表 8.2.6 计算。

表 8.2.6 评价指标体系及各权重指标分值

一级指标	二级指标	三级指标		分值
建筑调适（0.2）	一般规定	4.1.1 建筑设备系统应进行建筑调适，建筑围护结构等系统宜进行建筑调适		满足/不满足
		4.1.2 建筑调适应先组建调适团队并制定调适计划		满足/不满足
		4.1.3 建筑调适团队应由业主代表、设计单位、调适顾问、物业单位、施工单位、设备及系统相关方等单位成员组成		满足/不满足
		4.1.4 调适计划应明确调适目标、调适对象、参与方的职责、调适流程、调适人员、时间计划及相关配合要求等事宜		满足/不满足
	调适过程（70分）	4.2.1 建筑调适应包括但不限于现场检查、设备及材料性能测试、平衡调试验证、自控性能验证、系统联合运转验证、综合效果验收、人员培训等过程	现场检查，得3分	20
			设备及材料性能测试，得3分	
			平衡调试验证，得3分	
			自控性能验证，得3分	
			系统联合运转验证，得3分	
			综合效果验收，得3分	
			人员培训，得2分	

一级指标	二级指标	三级指标		分值
建筑调适 （0.2）	调适过程 （70分）	4.2.2 调适对象的设备及材料实测性能与名义性能或设计要求相差较大时，应分析其原因并进行整改		10
		4.2.3 平衡调试验证阶段应进行空调风系统与水系统平衡验证，平衡合格标准应符合现行地方标准《建筑节能工程施工质量验收规程》DB51/5033的相关要求	空调风系统平衡，得5分	10
			空调水系统平衡，得5分	
		4.2.4 自控性能验证应分为单点、单机及系统共三个层级进行，控制功能应工作正常，符合设计要求		10
		4.2.5 系统联合运转验证应对调适对象的设备性能、自控功能及系统间相互配合等进行验证，确保调适对象满足设计及使用要求		10
		4.2.6 综合效果验收应包括调适对象的运行状态及运行效果的验收，调适对象应满足不同负荷工况及用户的使用要求		10
	交付 （30分）	4.3.1 调适对象交付应在综合效果验收合格后进行，交付内容应包括调适对象交接、运维人员培训、调适报告交付等	对象交接，得3分	10
			运维人员培训，得3分	
			调适报告，得4分	
		4.3.2 调适对象交付时，应对运行维护人员进行培训，培训由建设单位组织实施，培训应包括但不限于下列内容：1 日常和紧急情况操作说明；2 调节装置操作说明；3 维护、检修要求和步骤；4 系统手册及其运行记录的维护和更新	日常和紧急情况操作说明，得2分	10
			调节装置操作说明，得2分	
			维护、检修要求和步骤，得3分	
			系统手册及其运行记录的维护和更新，得3分	
		4.3.3 调适报告根据调适系统特性，宜包括下列内容：1 调适计划；2 各阶段调适工作记录；3 现场检查报告；4 系统平衡验证报告；5 自控验证报告；6 系统联合运行评估报告；7 问题日志；8 培训记录及培训使用手册；9 其他相关问题及解决方案	调适计划，得2分	10
			各阶段调适工作记录，得1分	
			现场检查报告，得1分	
			系统平衡验证报告，得1分	
			自控验证报告，得1分	

一级指标	二级指标	三级指标		分值
建筑调适（0.2）	交付（30分）	4.3.3 调适报告根据调适系统特性，宜包括下列内容：1 调适计划；2 各阶段调适工作记录；3 现场检查报告；4 系统平衡验证报告；5 自控验证报告；6 系统联合运行评估报告；7 问题日志；8 培训记录及培训使用手册；9 其他相关问题及解决方案	系统联合运行评估报告，得1分	10
			问题日志，得1分	
			培训记录及培训使用手册，得1分	
			其他相关问题及解决方案，得1分	
运行（0.5）	一般规定	5.1.1 建筑系统的设计、施工、验收、调适、运行管理记录等技术文件应齐全		满足/不满足
		5.1.2 运行过程中产生的废气、污水等污染物应达标排放，废油、污物、废工质应按国家现行标准的有关规定收集处理		满足/不满足
		5.1.3 能源系统应按分类、分区、分项计量数据进行管理		满足/不满足
		5.1.4 建筑设备系统运行过程中，应优先采用无成本/低成本运行措施		满足/不满足
		5.1.5 建筑再调适计划应根据建筑负荷和设备系统的实际运行情况适时制定，调适周期不宜大于5年/次		满足/不满足
	暖通空调系统（24分）	5.2.1 室内运行设定温度，冬季不应高于设计值2 ℃，夏季不应低于设计值2 ℃		2
		5.2.2 采用集中空调的建筑，运行过程中的新风量应根据实际室内人员状况进行按需调节，并应符合现行国家标准《民用建筑供暖通风与空气调节设计规范》GB 50736的有关规定		2
		5.2.3 制冷设备机组的出水温度宜根据室外气象参数、除湿负荷的变化以及室内人员需求进行设定		2
		5.2.4 空调系统在过渡季节宜根据室外气象参数实现全新风或可调新风比运行，宜根据新风和回风的焓值控制新风量和工况转换		2
		5.2.5 采用变频运行的水系统和风系统，变频设备的频率不宜低于30 Hz		2
		5.2.6 冷却塔的出水温度设定值宜根据进水温度和室外空气湿球温度共同确定，并宜根据室外气象参数进行变化；冷却塔风机运行数量及转速宜根据冷却塔的出水温度进行调节；应设置冷却塔水质监测措施		2

一级指标	二级指标	三级指标	分值
运行（0.5）	暖通空调系统（24分）	5.2.7 冷水机组冷凝器侧污垢热阻，宜根据冷水机组的冷凝温度和冷却水出口温度差的变化监控	2
		5.2.8 建筑宜通过调节新风量和排风量，维持相对微正压运行	2
		5.2.9 多台空调机组并联运行的系统，实际运行中应符合下列要求： 1 机组运行宜采取群控方式，根据系统负荷的变化合理调配机组运行台数，保证各机组使用时间均衡；2 应以实际运行工况下的机组能效情况，合理选择运行机组，保证冷水主机在高效区间内运行；3 应关断不运行机组支路的阀门，关断阀门应采用缓闭方式；4 对于多台机组同时运行，应调整不同机组间的流量分配，使流量与负载相匹配；5 有条件时，在同等节能的运行策略下，应优先启动总运行时间较少的机组	4
		5.2.10 空调冷冻水系统分、集水器之间电动旁通阀开度应满足系统负荷变化的要求，不应处于常开状态	2
		5.2.11 建筑使用时宜根据气候条件和建筑负荷特性充分利用夜间预冷	2
	给排水系统（21分）	5.3.1 给排水系统运行过程中，应按水平衡测试的要求进行运行管理，降低管网漏损率	2
		5.3.2 给水系统应无超压出流现象，用水点供水压力不应小于用水器具要求的最低工作压力	2
		5.3.3 节水灌溉系统运行模式宜根据气候和绿化浇灌需求及时调整	2
		5.3.4 根据雨水控制与利用的设计情况，应保证雨水入渗设施完好，多余雨水应汇集至市政管网或雨水调蓄设施	2
		5.3.5 景观水系统运行时，应利用非传统水源补水，且应保证补水量记录完整，水质应达到国家现行标准要求	2
		5.3.6 循环冷却水的运行中，应确保冷却水节水措施运行良好，水质应达到国家现行标准要求。对冷却塔蒸发耗水量和补水量进行定期记录和分析，应保证冷却塔的蒸发耗水量占冷却补水量的比例不低于80%	2

一级指标	二级指标	三级指标	分值
运行（0.5）	给排水系统（21分）	5.3.7 公共建筑采用电开水器供应饮用水时，应符合下列求：1 宜优先选用热效率高、保温良好、自带自控系统、加热方式为分层加热或分水箱加热的电开水器；2 应根据建筑使用情况合理制定电开水器的工作时间，非工作时间切断电源；3 宜对电开水器用电进行单独计量	4
		5.3.8 设有卫生热水系统的建筑，应符合下列要求：1 热水供应系统应保证干管和立管中的热水循环，宜采用支管热水循环系统；2 在满足配水点处最低温度要求的条件下，根据热水供水管线长短、管道保温情况等适当采用低的供水温度；3 对硬度大的冷水应根据实际情况采取适当的水质软化或水质稳定措施	3
		5.3.9 室内空调设备的冷凝水应有组织地排放	2
	电气与控制系统（18分）	5.4.1 变压器应实现经济运行，提高利用率	2
		5.4.2 各相负载应均衡调整，配电系统的三相负载不平衡度不应大于 15%	2
		5.4.3 对容量大、负荷平稳且长期连续运行的用电设备，宜采取无功功率就地补偿措施，低压侧电力系统功率因数宜为 0.93～0.98	2
		5.4.4 应定期对配电系统的谐波进行测量，超出限值宜采取技术措施治理	2
		5.4.5 蓄能装置运行时间及运行策略宜利用峰谷电价差合理调整	2
		5.4.6 电梯运行方式宜采取电梯群控（两台以上）、扶梯自动启停、电梯能量回馈系统等节能措施	2
		5.4.7 智能化控制系统应工作正常，运行记录完整，运行效果和稳定性满足建筑运行与管理的需要	2
		5.4.8 当项目照明系统采用人工控制时，应根据实际需求定时对公共区域的照明进行通断控制；当设置有智能照明控制装置时，应采取下列节能运行措施：1 天然采光良好的场所，按照度值变化自动通断照明灯具；2 公共走廊、楼梯间等场所采用红外、声控等感应节能控制措施；3 门厅、电梯厅、地下停车场等场所采取分区、定时、感应等节能控制措施；4 景观照明应制定平日、一般节假日及重大节日的灯时段和控制模式	4
	可再生能源系统（10分）	5.5.1 可再生能源利用系统，应定期进行能效测评，测评周期不宜大于 5 年/次	2

一级指标	二级指标	三级指标	分值
运行（0.5）	可再生能源系统（10分）	5.5.2 太阳能光热/光伏系统应按下列要求进行运行：1 定期检查过热保护功能，避免空晒和闷晒损坏太阳能集热器；2 应定期清洗集热器和光伏组件 ；3 冬季运行前，应检查防冻措施	2
		5.5.3 可再生能源系统应进行单独计量	2
		5.5.4 可再生能源系统同常规能源系统联合运行时,宜优先运行可再生能源系统	2
		5.5.5 地埋管地源热泵系统，应制定合理的系统运行控制策略，保证土壤的热平衡和系统的稳定运行	2
	建筑室内外环境（10）	5.6.1 空调通风系统的室外新风引入口周围应保持清洁，新风引入口与排风口不应短路	2
		5.6.2 除指定吸烟区外，公共建筑内应设置禁止吸烟标识。室内吸烟区应设置烟气捕集装置，将烟气排向室外。室外吸烟区与建筑的所有出入口、新风取风口和可开启外窗之间最近点距离不小于 7.5 m	2
		5.6.3 应合理规划垃圾物流，对生活废弃物应分类收集，垃圾容器应设置规范、合理，且收集和处理过程中无二次污染	2
		5.6.4 公共建筑运行过程中，由于功能调整变更，需要进行局部空间污染物排放时，宜增加相应补风设备或系统，并采取联动调节方式	2
		5.6.5 宜采用空气净化装置控制室内空气品质	2
	监测与能源管理（6分）	5.7.1 建筑能源使用情况应进行监测、统计和评估，建筑能耗监测系统宜具备数据处理和分析功能	2
		5.7.2 公共建筑宜定期进行能源审计，周期不宜大于3 年/次	2
		5.7.3 绿色建筑运行维护过程中，应建立能源计量管理技术措施	2
	数据统计分析与利用(11分)	5.8.1 建筑能源使用情况应分别进行记录和统计：1 应对建筑生活用水进行记录和统计；2 宜按功能区对建筑供暖空调系统耗热、耗冷量进行记录和统计；3 应对照明插座用能、动力用能、供暖空调系统用能及其他特殊用能进行记录和统计	3

一级指标	二级指标	三级指标	分值
运行（0.5）	数据统计分析与利用（11分）	5.8.2 对建筑能耗数据的分析宜按照下列方式进行：1 按照系统的运行周期分析建筑的运行数据和系统能耗，掌握用能规律及特点；2 根据系统运行数据，掌握建筑使用强度、室外气象参数、供暖空调系统耗冷/耗热量、耗电量、燃气用量、蒸汽用量等运行参数的变化趋势；3 根据分析结论制定节能运行策略，并对建筑设备系统进行调适	4
		5.8.3 应健全项目用水三级计量仪表设置并对建筑用水建立用水档案	2
		5.8.4 运营管理人员宜通过分析建筑长期运行数据，建立建筑耗能量与室外环境条件、运营情况、运营时间等的对应关系图，找出对建筑耗能量影响最敏感的因素作为节能运行的主要依据	2
维护（0.2）	一般规定	6.1.1 绿色建筑维护应按时进行日常巡检和维护，发现隐患应及时排除和维修	满足/不满足
		6.1.2 设备维护保养应符合设备保养手册要求，并应严格执行安全操作规程	满足/不满足
		6.1.3 各类设备维修应通过对系统的专业分析确定维修方案	满足/不满足
		6.1.4 修补、翻新、改造时，宜优先选用本地生产的建筑材料	满足/不满足
		6.1.5 绿色建筑应制定科学合理的保养工作计划，并建立设施设备全生命期档案，保证无故障运行	满足/不满足
		6.1.6 绿色建筑设备的能效如已处于衰减期，且衰减后的设备不能满足建筑功能需求，应进行维修或更换	满足/不满足
	围护结构与材料（15分）	6.2.1 建筑外围护结构的热工性能应每年进行一次检查	5
		6.2.2 修补、翻新、改造时，应符合下列要求：1 建筑材料和装饰装修材料有害物质含量应符合国家现行有关标准的规定；2 不应影响建筑结构安全性、耐久性，且应不降低外围护结构的保温隔热性能；3 可变换功能的室内空间宜采用可重复使用的隔墙和隔断；4 宜合理采用可再利用材料或可再循环材料	10
	设备（75）	6.3.1 暖通空调系统应每年不低于两次对空气过滤器、表面冷却器、加热器、加湿器、冷凝水盘等部位进行全面检查和清洗	5

一级指标	二级指标	三级指标	分值
维护（0.2）	设备（75）	6.3.2 暖通空调系统应每月不低于一次对阀门、仪表及法兰等部位进行检查	5
		6.3.3 公共建筑内部厨房排风、厕所排风、地下车库排风等排风口，应每月不低于一次进行全面检查。厨房排风口和排风管宜进行必要的油污处理	3
		6.3.4 设备及管道的绝热设施应每年不低于两次进行检查，保温、保冷效果检测应符合现行国家标准《设备及管道绝热效果的测试与评价》GB/T 8174 的有关规定	3
		6.3.5 排风能量回收系统，宜每年每个运行季节不低于一次进行检查及清洗	3
		6.3.6 空调通风系统的清洗应按现行国家标准《空调通风系统清洗规范》GB 19210 的要求进行且每三个月不低于一次清洗	3
		6.3.7 地下水地源热泵系统应每两个月不低于一次对取水和回灌井做清洗处理，并定期对旋流除砂器及设备入口的过滤器进行清洗	3
		6.3.8 暖通空调水系统的水质、管路、阀门等，宜每个运行季节不低于两次进行检查及清洗	3
		6.3.9 给水系统应每半年不低于一次检测水质，保证用水安全	5
		6.3.10 非传统水源出水设施应每月不低于一次进行检查，并对水质、水量进行检测及记录。非传统水源应满足现行国家标准《城市污水再生利用城市杂用水水质》GB/T 18920 的要求，作为景观水使用时应满足现行国家标准《城市污水再生利用景观环境用水水质》GB/T18921 的要求，作为冷却水补水时应满足现行国家标准《采暖空调系统水质》GB/T29044 的要求	5
		6.3.11 建筑的供水管网、仪表和阀门应每月不低于一次进行检查	4
		6.3.12 卫生器具更换时，不应采用较低用水效率等级的卫生器具	3
		6.3.13 雨水基础设施及雨水回收系统应每两个月不低于一次进行检查维护	3
		6.3.14 热水系统应每两月不低于一次检测水质和水温，保证用水安全	3

一级指标	二级指标	三级指标	分值
维护（0.2）	设备（75）	6.3.15 高压配电系统应每天两次进行巡检并做好记录，保证安全稳定运行	5
		6.3.16 低压配电系统的配电室每班一次进行巡检并做好记录，保证安全稳定运行	5
		6.3.17 电梯应每半月不低于一次进行检查检修和维护保养并做好记录，保证电梯的安全稳定运行	3
		6.3.18 普通照明灯具应每周不低于一次进行检查，消防应急灯具应每季度不低于一次进行检查，及时更换损坏和光衰严重的光源；照明灯具有污染的应及时进行清洗	3
		6.3.19 自动控制系统的传感器、变送器、调节器和执行器等基本元件应每周不低于一次进行检查和维护	3
		6.3.20 建筑智能化管理系统的工作性能应每月不应低于一次进行检查和维护	5
	绿化及景观（10分）	6.4.1 应制定并公示绿化及景观管理制度，并严格执行	2
		6.4.2 景观绿化应按管理制度进行维护管理，并应及时栽种、补种	1
		6.4.3 景观绿化区域应采用无公害病虫害防治技术，应规范杀虫剂、除草剂、化肥、农药等化学药品的使用，不应对土壤和地下水环境的损害	1
		6.4.4 当有特殊空间绿化时，应每三个月不低于两次进行牵引和理藤	1
		6.4.5 节水灌溉系统应每月不低于一次检查，保证其有效运行	1
		6.4.6 绿化改造时，不得改变原有建设用地中绿地性质，透水地面不得进行地面硬化	1
		6.4.7 建筑小品、水池等景观每周不低于一次进行全面检查和维护	1
		6.4.8 绿化及景观植物应根据植物习性和种类定期进行修剪	1
		6.4.9 屋顶绿化的建筑屋面防水和保温性能每年不低于一次进行检查	1

一级指标	二级指标	三级指标		分值
管理 （0.1）	一般规定	7.1.1 业主单位应在选聘绿色建筑运行维护管理单位过程中明确绿色建筑运行维护管理要求，运行维护管理单位应在物业管理工作开始前结合绿色建筑的特点，对建筑的基础建设和重要系统设备等进行接管验收，必要时，在规划、设计、施工阶段征求运行维护管理人员的意见		满足/ 不满足
		7.1.2 运行维护管理单位在制定相关管理规章时宜按相关管理体系及现行国家标准《能源管理体系　要求》GB/T 23331 的有关规定执行		满足/ 不满足
		7.1.3 运行维护管理单位应结合绿色建筑的技术要求和本标准要求制定完善的运行维护操作规程、工作管理制度、经济管理制度等		满足/ 不满足
		7.1.4 运行维护管理单位应建立绿色教育宣传机制，编制绿色设施使用手册，并引导用户开展行为节能、环保宣传教育		满足/ 不满足
		7.1.5 运行维护管理单位应针对接管验收资料、基础管理措施、运行维护记录建立规范的管理档案，并制定档案管理制度		满足/ 不满足
	运行管理 （50分）	7.2.1 运行维护管理单位应针对建筑基础建设和重要系统设备制定运行操作规程，明确责任人员职责，合理配置专业技术人员。针对绿色建筑运行应制定下列专项管理制度：1 废水、废气、固态废弃物及危险物品管理制度；2 绿化、环保及垃圾处理专项管理制度；3 设备设施与运行状态的监测方法、操作规程及故障诊断与处理办法；4 设备设施运行产生的振动及噪声专项管理制度	制定废水、废气、固态废弃物及危险物品管理制度，得8分	30
			制定绿化、环保及垃圾处理专项管理制度，得8分	
			制定设备设施与运行状态的监测方法、操作规程及故障诊断与处理办法，得8分	
			制定设备设施运行产生的振动及噪声专项管理制度，得6分	

一级指标	二级指标	三级指标		分值
管理（0.1）	运行管理（50分）	7.2.2 运行管理人员应具备相关专业知识，熟练掌握有关系统和设备的工作原理、运行策略及操作规程，且应经培训后方可担任职责	运行管理人员具有相关专业从业资质证书，得8分	20
			运行管理人员具有丰富工作经验证明，得6分	
			运行管理人员经过与时俱进的专业培训，得6分	
	维护管理（50分）	7.3.1 对物业设施设备的维护保养应制定管理制度	制定合理的巡检制度及计划，得8分	15
			记录巡检结果，给出处理意见，得7分	
		7.3.2 物业设施设备的维护保养应制定保养方案和保养方法，并应严格执行安全操作规程	建立合理的养护方案并执行，得8分	15
			建立合理的保养方法并执行，得7分	
		7.3.3 物业设施设备的维护保养应实施过程信息化，并应建立预防性维护保养机制	维护保养实施过程结合智能软件，得6分	20
			利用智能软件建立合理的预防维护保养机制，得6分	
			针对设施设备的运行、操作、维护形成完整的技术档案，得8分	

本标准用词说明

1 为便于在执行本标准条文时区别对待,对要求严格程度不同的用词说明如下:

  1）表示很严格,非这样做不可的:

  　　正面词采用"必须",反面词采用"严禁"。

  2）表示严格,在正常情况下均应这样做的:

  　　正面词采用"应",反面词采用"不应"或"不得"。

  3）表示允许稍有选择,在条件许可时首先应这样做的:

  　　正面词采用"宜",反面词采用"不宜"。

  4）表示有选择,在一定条件下可以这样做的,采用"可"。

2 条文中指明应按其他有关标准执行时,写法为:"应符合……的规定"或"应按……的执行"。

引用标准名录

1　《节水型产品通用技术条件》GB/T 18870
2　《室内空气质量标准》GB/T 18883
3　《城市污水再生利用 城市杂用水水质》GB/T 18920
4　《城市污水再生利用 景观环境用水水质》GB/T 18921
5　《三相配电变压器能效限定值及能效等级》GB 20052
6　《能源管理体系 要求》GB/T 23331
7　《建筑照明设计标准》GB 50034
8　《民用建筑隔声设计规范》GB 50118
9　《公共建筑节能设计标准》GB 50189
10　《绿色建筑评价标准》GB/T 50378
11　《建筑节能工程施工质量验收规范》GB 50411
12　《民用建筑节水设计标准》GB 50555
13　《民用建筑供暖通风与空气调节设计规范》GB 50736
14　《可再生能源建筑应用工程评价标准》GB/T 50801
15　《设备及管道绝热效果的测试与评价》GB/T 8174
16　《节水型生活用水器具》CJ/T 164
17　《公共建筑节能检测标准》JGJ/T 177
18　《建筑能效标识技术标准》JGJ/T 288
19　《四川省绿色建筑评价标准》DBJ51/T 009

四川省工程建设地方标准

四川省绿色建筑运行维护标准

Code for operation and maintenance of
green building in Sichuan Province

DBJ51/T 092 – 2018

条 文 说 明

制定说明

《四川省绿色建筑运行维护标准》DBJ51/T092－2018，经四川省住房和城乡建设厅 2018 年 4 月 12 日以建标发〔2018〕352号文公告批准发布。

本标准在编制过程中，编制组进行了广泛的调查研究，总结了我省绿色建筑的实践经验，同时参考了国内外先进技术法规、技术标准，并在广泛征求意见的基础上，完成本标准的编制工作。

为便于广大设计、施工、科研、学校等单位有关人员在使用本标准时能正确理解和执行条文规定，《四川省绿色建筑运行维护标准》编制组按章、节、条顺序编制了本标准的条文说明，对条文规定的目的、依据以及执行中需注意的有关事项进行了说明。但是，本条文说明不具备与标准正文同等的法律效力，仅供使用者作为理解和把握标准规定的参考。

目 次

1 总 则

1.0.1 本条规定了本标准制定的目的及必要性。

1.0.2 绿色民用建筑和绿色工业建筑因使用功能和工艺特点不同，其运行维护管理技术存在一定的差异。本标准主要以绿色民用建筑的运行维护技术和制度进行编制，与现行地方标准《四川省绿色建筑评价标准》DBJ51/T 009 配合使用，用于指导民用建筑项目进行申报绿色建筑评价标识和获得该标识后的建筑运行维护。工业区中的办公等公共建筑属于民用建筑范畴，这类建筑中绿色建筑运行维护应按本标准执行。对于未申报绿色建筑评价标识的建筑项目同样可采用本标准作为建筑运行维护的指导。

3 基本规定

3.0.1 绿色建筑运行维护不仅仅是绿色技术的选择和应用，更重要的是绿色技术的真正落实和使用，因此，绿色建筑运行维护是一个全过程的技术应用和管理。

3.0.2 国家现行标准《民用建筑隔声设计规范》GB 50118、《建筑照明设计标准》GB 50034、《建筑采光设计标准》GB 50033、《民用建筑供暖通风与空气调节设计规范》GB 50736、《室内空气质量标准》GB/T18883 及地方标准《四川省绿色建筑评价标准》DBJ51/T 009 等对建筑室内声、光、热、空气品质等提出了明确的要求，绿色建筑室内环境应满足上述标准的相关规定。

3.0.3 运行维护管理单位应编制具有针对性的绿色运行维护管理技术手册，确保建筑良好运行。应重视绿色建筑节能、节水、节材与绿化管理制度的制定。节能管理制度主要包括节能方案、节能管理模式和机制、分户分项计量收费等。节水管理制度主要包括节水方案、分户分类计量收费、节水管理机制等。耗材管理制度主要包括维护和物业耗材管理。绿化管理制度主要包括苗木养护、用水计量和化学药品的使用制度等。

3.0.4 建筑信息化管理是以现代通信、网络、数据库技术为基础，将所管理对象各要素汇总至数据库，辅助管理者决策的一种管理手段。建筑智能化管理以建筑物为平台，对设备信息设施系统、信息化应用系统、建筑设备管理系统、公共安全系统等进行优化组合为一体管理。

3.0.5 绿色建筑的运行和维护，应坚持依靠科技创新和求实负责的运行管理原则，应充分利用社会服务机构的专业技术、专业设备和专业人才资源，提高绿色建筑运行维护管理水平。

4 建筑调适

4.1 一般规定

4.1.1 建筑调适是通过在建筑的建造、运行维护等阶段的监督和管理，对建筑进行调试验证、性能测试验证、季节性工况验证和综合效果验收，从而实现建筑安全、高效地运行和控制的工作程序和方法。建筑调适的目标是保证建筑能够按照设计和业主的要求，实现建筑安全、高效地运行和控制，避免由于系统缺陷、施工质量、设备运行等问题，影响建筑的正常运行。在我国工程建设体制中，空调、电气、控制、给排水等专业的分界面上经常出现衔接不畅、管理混乱、调试困难等现象，故要求建筑设备系统应进行调适，而建筑围护结构、景观系统等则根据业主需求宜进行调适。其中建筑设备系统主要包括暖通空调系统、电气系统、给水排水系统、消防系统、智能化系统等。

调适的要点包括下列 3 点：

1 调适是一种过程控制的程序和方法；

2 调适的目标是对质量和性能的控制优化；

3 调适的目的是实现跨系统、跨平台的协调与协同，以共同实现建筑的功能。

建筑调适的内容主要包括下列 6 点：

1 验证设备及材料的型号和性能参数符合设计要求；

2 验证设备和系统的安装位置正确；

3 验证设备和系统的安装质量满足相关规范的具体要求；

4 保证设备和系统的实际运行状态符合设计使用要求；

5 保证设备和系统运行的安全性、可靠性和高效性；

6 通过向操作人员提供全面的质量培训及操作说明，优化操作及维护工作。

4.1.2 建筑调适过程的第一个任务就是组建调适团队，调适为一个多专业、多责任方相互配合的过程，建立一个统一管理的调适团队有利于调适各项工作的顺利开展。

调适计划是一份具有前瞻性的整体技术文件。一份计划得当、时间分配合理、计划周密的调适计划，可以更好地理解调适的整体思路。

4.1.3 建筑调适团队应由业主代表、设计单位、调适顾问、物业单位、施工单位、设备及系统相关方等单位成员组成。

1 调适顾问的职责应包含下列 8 个方面：

1）根据业主提供的项目相关图纸及技术文件，并结合现场实际情况进行评估后，编制调适计划；

2）根据项目实际情况确定调适团队成员责任；

3）受业主委托主持召开工作例会；

4）配合业主组织各相关方进行现场检查、测试、调适等工作；

5）提供调适过程所需检查、测试及调适的相应表格和操作方法；协调、交流并解决技术冲突，讨论调适的进程；

6）负责协调各方共同完成联合调适；

7）协助物业公司相关人员编制系统操作手册，并协助业主方完成对物业人员关于设备系统运行及维护方面的培训工作；

8）提供最终的调适工作报告。

2 业主代表的职责应包括下列 5 个方面：

1）指定运行维护人员参与调适，协调会议的召开和各方配合事宜；

2）对调适团队所提出的各项书面文件应及时确认并协调解决措施；

3）为调适团队提供项目所需说明文件，用于制订调适计划、设备系统说明手册、运行维护培训计划；

4）配合参与相关工作完成情况的验收；

5）负责提供业主所购买的设备的技术资料。

3 设计单位的职责应包括下列 3 个方面：

1）提供项目设计图纸、设计说明和计算书等相关信息或资料；

2）对调适过程中有关设计的疑问及时做出解答；

3）定期参与调适工作会议，并讨论调适计划及方法。

4 施工单位的职责应包括下列 5 个方面：

1）提交调适方所要求的与其工作相关的资料及技术性文件，配合现场验证后的整改工作；

2）确保调适工作过程中，设备系统的各相关设备和组件的安装情况符合相关规范或合同文件的要求；

3）根据调适方提供的调适计划，组织相关人员，建立总包和分包框架内的调适队伍，配合设备供应方完成现场单机试运转，在调适方指导下，完成设备系统检查、风、水系统平衡、设备性能测试、自控验证等调适工作；

4）参加调适工作例会；

5）及时对调适工作中发现的问题进行整改，更换相关问题设备及组件。

5 主要设备及系统相关方的职责应包括下列 2 个方面：

1）提供详细的机组资料，包括设备操作细则和维护手册；

2）负责调试设备各项控制功能，为运行维护人员提供现场培训。

4.1.4 调适目标的确定是后期判定调适是否成功的标准；调适对象主要是确定调适的工作对象和范围；参与方的职责是明确调适团队各参与单位的责任和权利；调适流程主要是指在建筑建造及运行各阶段的调适工作程序；调适人员为参与调适的各职责方人员；时间计划为整个调适工作的进度计划。调适计划在调适工作的过程中需要不断更新，需根据工程进度和实际工程情况逐步深化、细化。

4.2 调适过程

4.2.1 建筑调适分为建造阶段和运行阶段，针对每个调适对象及其调适步骤划分来讲，调适团队介入后其工作步骤应包含现场检查、设备及材料性能测试、平衡调试验证、自控性能验证、系统联合运转、系统整改、综合效果验证、系统培训等过程。

现场检查是检查调适对象的安装内容、数量、位置、参数等是否和设计一致，检查设备能否正常运行。

设备及材料性能测试主要是通过现场抽样复检或现场检测以检查调适对象的实际性能参数是否符合设计要求。

平衡调试验证主要是验证调适对象如给排水系统、空调水、风系统的水力平衡性能，以控制水力失调。

自控性能验证是对调适对象自控功能的控制逻辑现场验证，以判定控制系统的逻辑和功能是否符合设计和使用要求。

系统联合运转验证是为了保证调适对象的各设备系统正常运

行、满足使用要求和实现节能效果，通过系统联合运转调适，使自动控制的各环节达到正常或规定工况，系统的各项功能均可以正常实现且达到设计要求。

综合效果验收是在调适对象各系统调适完毕后，在各项参数接近设计或名义工况的条件下进行效果综合测试验收，以保证设计功能的最终实现。

人员培训主要是对调适对象的使用者、运行维护人员进行调适对象的功能、操作流程、维护保养、应急预案等进行培训和讲解，以保证调适对象的安全、高效运行。

4.2.2 当调适对象的设备或材料的实测性能与名义性能或设计要求相差较大时，应分析其原因在于施工质量、设备质量还是系统之间配合问题，并加以解决。如空调机组的总风量不足，可能是风管的连接不符合规范要求，也可能是空调机组过滤器未及时清理导致阻力过大。

4.2.3 目前大多数供暖空调工程都未进行风、水平衡调试，原因在于业主对风、水平衡调试对于保证空调效果和减少运行能耗的重要性认识不足，施工单位缺乏必要的测试仪器和测试人员，设计单位设计图纸深度不够，如未标注末端风口设计风量和末端设备的设计水量及调试用的风阀水阀，这些因素都导致风水平衡调试没有得到很好的实施。

四川省地方标准《建筑节能工程施工质量验收规范》DB51/5033 中第 9.2.23 条对供暖空调水系统、风系统的平衡分别提出要求：系统的总风量与设计风量的允许偏差不应大于 10%，风口的风量与设计风量的允许偏差不应大于 15%；供热系统室外管网的水力平衡度规定值为 0.9～1.2，供热系统的补水率与规定值偏差不应大于 0.5%；空调系统冷热水、冷却水总流量测试结果与设计流量的偏差不应大于10%。平衡调试验证报告应包括系统、测试管路、设计风量与水量、实测风量与水量、阀门开度等信息。

4.2.4 现场单点验证主要是对现场的控制盘箱及其各控制点位所监控的末端设备进行逐一调试和验证。通过单点验证确认控制器是否可以正确输出控制命令、正确读取末端设备或被控设备所发出的各类信号；确认末端传感器是否可以正确检测被测区域环境参数；确认末端执行器是否可以正确按照控制命令进行动作。

单机验证是以被控系统为主线，根据控制逻辑的要求对各设备系统的控制程序进行调试和验证，从而使被控的设备系统可以按照设计功能需求投入使用。

系统验证是在上位机（操作站）端对自控系统所控制的各设备间联动是否正确进行调试和验证，同时对自控系统的图形界面进行检查。

4.2.5 系统联合运转验证是非常重要的一个环节，应确保各系统已全部施工完毕，单机试运转已符合要求，在联合运转验证时主要设备应有专人值守。

以通风与空调系统为例，联合试运转验证包括的内容如下：

1）设备性能检验、调整。

2）监测与控制系统的检验、调整与联动运行。

3）系统风量的测定和调整（通风机、风口、系统平衡）。系统风量平衡后应达到以下规定：系统总风量实测值与设计风量的偏差允许值不应大于10%；系统经平衡调整，各风口或吸风罩的总风量与设计风量的允许偏差不应大于15%。

4）空调水系统的测定和调整。空调水系统流量的测定，在系统调试中要求对空调冷（热）水及冷却水的总流量以及各空调机组的水流量进行测定。空调冷热水、冷却水总流量测试结果与设计流量的偏差不应大于 10%，各空调机组盘管水流量经调整后与设计流量的偏差不应大于 20%。

5）室内空气参数的测定和调整。

6）防排烟系统测定和调整：防排烟系统测定风量、风压及疏散楼梯间等处的静压差，并调整至符合设计与消防的规定。

4.3 交　付

4.3.1 当项目调适完成后，即进入交付及资料移交过程。交付及资料移交既涉及国家政策法规，又涉及运行管理各方的权益，还直接影响到运行管理活动能否正常进行，因此运行管理工作的交付和移交是运行管理操作中一个重要环节。运行管理工作的交付和移交必须在完成综合效果验收合格的前提下，在不同的主体之间进行。

4.3.2 常规意义上的调试以递交调试报告即宣告结束，但真正意义的调适工作应包含对建筑实际的运行维护人员的培训。由于目前建筑信息化、自动化、集成化程度越来越高，而目前国内物业人员素质普遍不高，为了避免出现非专业人士对建筑的不合理运行及维护的现象，致使上述的调适成果无法实现，调适工作结束之后，应对建筑的实际运行维护人员进行系统的培训。

培训要求宜通过技术研讨会、现场实操、系统讲解等方式进行，在此基础上确定培训的内容、深度、形式、次数等。

4.3.3 调适项目的结束，是以调适顾问提交调适报告为标志的，调适报告是一个总结调适工作并评价调适项目成功与否的重要文件，其内容包括：1）汇报建筑的运行是否达到调适计划中的要求及还存在的问题；2）汇总调适过程生成的重要文档。

调适工作记录是用来详细记录调适过程中各部分的完成情况及各项工作和成果的文件，包括进展概况、各方职责及工作范围、工作完成情况、出现的问题及跟踪情况、尚未解决的问题汇总及影响分析，下一阶段的工作计划等。

问题日志在调适过程中建立，并定期更新。问题日志用以详细记录所有调适过程中出现的问题，包括时间、地点、所属系统，问题的初步判断，以及后续对此问题的跟踪，直至此问题解决或者有其他替换方案。

培训记录由调适顾问组织并进行培训，用以记录对于运行管理人员的培训过程，包括每次培训课程的大致内容、学员的反馈情况以及培训结束后的对学员的考核情况等。培训使用手册是培训实施时所采用的培训资料，如主要设备的操作说明、维护说明、故障处理等。

工程遗留问题是由于各种原因，造成房屋本体和配套设施、设备方面的使用功能缺陷，需运行维护管理单位配合进行协调和处理。在移交资料中应包括遗留问题的解决方案，确保及时有效地解决工程遗留问题，保障业主利益。

5 运　行

5.1　一般规定

5.1.1　对照系统的实际情况和相关技术文件，保证技术文件的真实性和准确性。下列文件为必备文件档案，并作为节能运行管理、责任分析、管理评定的重要依据：

1　建筑设备系统的设备明细表；

2　主要材料、设备的技术资料、出厂合格证及进场检（试）验报告；

3　仪器仪表的出厂合格证明、使用说明书和校正记录；

4　图纸会审记录、设计变更通知书和竣工图（含更新改造和维修改造）；

5　隐蔽部位或内容检查验收记录和必要的图像资料；

6　设备、风管系统、制冷剂管路系统、水管系统安装及检验记录；

7　管道压力试验记录；

8　设备单机试运转记录；

9　系统联合试运转与调试记录；

10　系统综合效能调适报告。

以上资料转化成电子版数字化方式存储，以便查阅。

5.1.2　建筑运行过程中会产生各类固体污染物、废气、废油、污物、废工质和污水，可能造成多种有机和无机的化学污染，放射性等物理污染，以及病原体等生物污染。此外，还应关注噪声、电磁辐射等物理污染。为此，需要通过合理的技术措施和排放管理手段，杜绝建筑运行过程中相关污染物的不达标排放。相关污染物的排放应符合现行标准《大气污染物综合排放标准》GB16297、《锅炉大气污染物排放标准》GB13271、《饮食业油烟排放标准》GB18483、《污水综合排放标准》GB8978、《医疗机构水污染物排放标准》GB18466、《污水排入城镇下水道水质标准》CJ343、《社会生活环境噪声排放标准》GB22337、《制冷空调设备和系统减少卤代制冷剂排放规范》GB/T26205 等的规定。废油、污物、废工质应与有资质的处理单位订立合同，定期、定时收集处理。

5.1.3　对电、水、气、冷/热量等分类、分区、分项计量，是进行节能潜力分析和能源系统优化管理的前提，对收集的数据进行分析总结，能够摸清建筑能耗特点及运行特点，可实现节能潜力挖掘，提高设备用能效率。根据建筑应用不同和能源利用比例不同，应设立不同的分级分项计量装置，例如：以电能为主要能源的，设立多级电表，大功率设备安装连续电量记录仪等。

5.1.4　经济运行技术在运行过程中的实用性较好，能够真正付出少的代价，起到实际的作用，是绿色建筑运行管理技术中的非常重要的环节。针对不同建筑特点，可从建筑能耗数据收集及分析、运行优化策略及设备使用时间、暖通空调系统节能、照明系统节能、室内室外空气管理、用户服务与管理等六大方面实施低成本解决办法。

5.1.5　建筑在使用过程中的使用性质、情况、功能等可能发生一些改变，而且建筑系统本身也是一个不断寻优的过程，因此，建筑绿色运行也是一个不断调适与再调适过程。

5.2 暖通空调系统

5.2.1 合理的室内温度的设定对节能具有较大的效果。为了更好地控制人员的行为节能和管理节能，在运行管理过程中，必须严格控制室内的温度效果，避免不必要的能源浪费。无特殊要求的场所，空调运行室内温度宜按住房和城乡建设部《公共建筑室内温度控制管理办法》（建科〔2008〕115号）的要求设定。

该措施可通过人为修改温控器实际可设定温度范围的方式来实现。

5.2.2 建筑内人员数量多，经常出现和设计值不符的情况，建筑运行过程中，应根据实际室内人员状况调节新风量，避免出现由于室内人员数量多于设计值而新风量不足的状况，或者室内人员数量过少，新风量过多而出现能源浪费的情况。

常见的实现控制方法：

在人员聚集的公共空间或人员密度较大的主要功能房间（人均使用面积低于 $2.5\ m^2$/人，或该区域在短时间内人员密度有明显变化的常用区域）加设 CO_2 传感器，安装位置在呼吸区，即 $0.9 \sim 1.8\ m$ 高度，通过 CO_2 浓度设定值控制新风阀或新风机组频率实现室内新风量调节。

5.2.3 在设计选用冷水机组时一般根据全年最大负荷来选择，由最大负荷确定冷水机组的设计出水温度。然而，一年中系统达到最大负荷的时间往往很短，机组多数时间在部分负荷的工况下运行。此时如采用较高的冷冻水温度，可以大大提高机组的效率。

根据经验，在低负荷时，冷冻水温度的设定值可在设计值 $7\ ℃$ 的基础上提高 $2 \sim 4\ ℃$。一般每提高出水温度 $1\ ℃$，能耗约可降低相当于满负荷能耗的 1.75%。当然在制定冷水机组出水温度时，同时需根据建筑物除湿负荷的要求，保证室内除湿的设计使用要求。

冷水机组出水温度设定策略方法为：

重设冷水机组出水温度需要使用设定温度点的室外温度和出水温度关系图，用这些资料对建筑自控系统进行编程，使之能够根据室外温度、时间、季节和（或）建筑负荷，来自动设定出水温度。

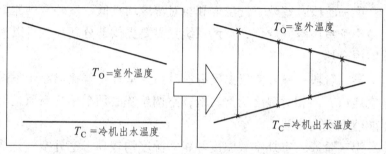

图 5.2.3　制冷机出水温度与室外温度的关系曲线图

5.2.4　在技术经济合理时，过渡季节根据室外空气的焓值变化增大新风比或进行全新风运行，一方面可以有效地改善空调区内空气的品质，大量节省空气处理所需消耗的能量，一方面可以延迟冷水机组开启和运行的时间，有利于建筑运行节能。但是，增大新风比或进行全新风运行可能会带来过高的风机能耗，或者过低的湿度。因此，需要综合判断，进行技术经济分析。

过渡季节新风量开启策略方法为：

根据项目具体所在气候区的气象条件结合项目的负荷特点，通常可将过渡季划分为 3 个阶段，在这 3 个阶段可采用不同的新风量，在保证室内参数在允许范围内变化的前提下，最大化利用新风供冷。

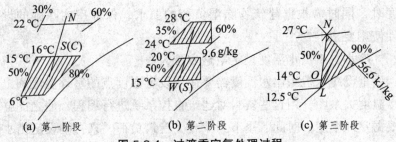

(a) 第一阶段   (b) 第二阶段   (c) 第三阶段

图 5.2.4 过渡季空气处理过程

第一阶段：室外空气温度和相对湿度均较低，室外空气比焓明显小于室内空气焓值，空调系统只需要提供部分新风就可以消除室内余热。

第二阶段：室外空气温度有所升高，室外空气比焓小于室内空气焓值，但相对湿度仍然较低，空调系统必须采用全新风运行才能消除室内余热。

第三阶段：室外空气温度和相对湿度均较高，室外空气比焓仍小于室内空气焓值，仅靠室外新风供冷已经不能完全消除室内余热和余湿，在该阶段需要开启冷水机组，并且为充分利用新风的冷量，尽量采用较大的新风比运行。

但要实现全新风运行，必须认真考虑计算风系统设计时选取的风口和新风管面积能否满足全新风运行的要求，且应确保室内必须保持的正压值。

5.2.5 多数空调系统都是按照最不利情况进行系统设计和设备选型的，而建筑在绝大部分时间内是处于部分负荷状况的，或者同一时间仅有一部分空间处于使用状态。针对部分负荷、部分空间使用条件的情况，采取水泵变频、变风量、变水量等节能措施，保证在建筑物处于部分冷热负荷时和仅部分建筑使用时，能根据实际需要提供恰当的能源供给，同时不降低能源转换效率，并能够指导系统在实际运行中实现节能高效运行。变频设备若运行频率长时间低于额定值 60% 时，建议更换设备。

采用变频措施后，效果的验证方法为：

采用变频优化技术后，应保证集中供暖系统热水循环泵的耗电输热比符合现行国家标准《公共建筑节能设计标准》GB 50189等的有关规定。空调冷热水系统循环水泵的耗电输冷（热）比比现行国家标准《民用建筑供暖通风与空气调节设计规范》GB 50736 规定值低 20%。

5.2.6 为了适应建筑负荷的变化，目前大多数建筑物制冷系统都采用多台冷水机组、冷水泵、冷却水泵和冷却塔并联运行，并联系统的最大优势是可根据建筑负荷的变化情况，确定冷水机组开启的台数，保证冷水机组在较高的效率下运行，以达到节能运行的目的。

室外空气湿球温度是制约冷却塔散热能力的因素之一，冷却塔出水温度的理论极限值为达到室外空气湿球温度，冷却塔出水温度越低，冷水机组冷却能力越大。但是应注意，冷却水温太低，会大幅降低制冷机组的冷凝压力，使机组出现故障，因此冷却塔出水温度应在制冷机组的低温保护之上。

冷却塔出水温度建议采用：

（1）控制冷却塔风机的运行台数（对于单塔多风机设备）；

（2）控制冷却塔风机转速（特别适用于单塔单风机设备）。

敞开式冷却水在循环过程中会接触空气并蒸发浓缩，因此结垢、腐蚀及微生物滋生成为敞开式循环水系统的主要问题，为保证冷却水系统长期安全稳定运行，应选择一种经济实用的循环水处理方案，并设置冷却塔水质监测措施。

5.2.7 冷凝器污垢热阻对冷水机组的运行效率影响很大，为了及时有效地判断冷水机组冷凝器的结垢情况，在冷水机组运行过程中，应密切观察冷凝温度同冷却水出口温度差变化，采取相应的除垢及杀菌技术，保持冷水机组高效运行。

利用合理有效的水质管理系统有利于降低冷水机组污垢热阻产生的频率，通过自动或人工监测的方法合理控制冷却水浓缩倍数和冷冻水水质，可以节约用水和降低污垢热阻的产生。

现场判断冷水机组污垢热阻的一般方法为：

在满负荷的情况下，冷凝温度与冷却水出口温度差不宜大于 2 ℃，否则应采取相应的物理或化学的清洗方法，以保证冷水机组的效率。

5.2.8 暖通空调系统可对空气进行适当的控制，确保对空气进行适当过滤、调节、湿度控制和分送，从而提高室内空气质量。同时，可减少由于对负压引起的室外渗入空气的无组织新风负荷，因而节省能耗。另外，由于安全卫生或功能要求，部分区域需维持微负压运行，如餐饮区域、地下车库等。

保证室内微正压的控制方法为：通过调节新风量和排风量比例，建筑保持在微正压 5～10 Pa 状态下运行。

5.2.9 对系统冷、热量的瞬时值和累积值进行监测，冷水机组优先采用由冷量优化控制运行台数的方式。通常 60%～100% 负载为冷水机组的高效率区，故根据系统负荷变化，合理地控制机组的开启台数，使得各机组的负荷率经常保持在 50% 以上，有利于冷水机组节能运行。

常见的冷水机组台数控制方法是：

每增加设备时，判断冷量条件为计算冷量超出机组总标准冷量的 15%，例如现在已经开启一组，而冷量要求超出单台机组冷量的 15%，再延时 20～30 min 后判断负荷继续增大时，即开启新一组设备。

关闭一组设备的判断冷量条件为计算冷量低于机组总标准冷量的 90%，例如现在已经开启两组设备同冷量的机组，且冷量在逐渐下降，在冷量要求低于单台机组冷量的 90%以下，且延时 20～30 min 后判断冷量条件无变化，即关闭其中一组运行时间较长的冷水机组及附属设备。

长时间不运转的机组匹配适应性可能较差而影响运行能效比，同时会影响长时间运转机组的使用寿命，有必要平衡多台机组的运行时间。

冷水主机效率受很多因素的影响，基于标准工况下的瞬时效率并不等同于实际工况下的瞬时效率。应根据不同气候特征监测冷水主机的效率情况，确定开启主机的台数，保证每台主机均在其自身的高效区间内运行，避免单台主机超负荷运行或多台主机在低效率区间运行的情况。

应通过负荷的变化趋势及运行时间表，提前做好多台相同制冷量及不同制冷量机组运行台数的调整准备，并视制冷系统对空调负荷的反应时间提前开关机。但应避免频繁开关机；加减载机宜结合负荷预测的方法。

冷水机组供水温度一般比较稳定，当回水温度低于设计标准值时，可通过降低冷冻水流量，减少机组运行台数的方式，保持一个合理的回水温度值。使空调系统在一个较为高效的区间内运行。

冷水主机停止运行后，其对应的冷冻水和冷却水管路关断阀门应及时关闭，防止短路旁通。定流量主机对应电动阀门应采用缓开缓闭式，以减小对其他并联冷水主机的冲击。当多台同型号冷水主机并联运行时，应保证每个支路的水流量基本相同；当不同型号主机并联时，可通过主机回水温度判断各支路水流量是否满足要求；当各支路流量与主机负荷不匹配时，应通过水力调节措施修正这种不匹配。

5.2.10 在日常工况下，旁通阀开启度越小越好，防止系统水短路抑制系统出力。

5.2.11 充分利用夜间预冷可以在一定程度上减少冷却能耗，可以大大降低能源使用费用，要求的室外温度比所需室内温度低几摄氏度即可，而且也可以降低设施启动时的电力高峰需求，这样可以高效地降低能源成本，达到节能的目的。

对夜间实施预冷主要方法和过程为：

1　挑选出一天，前晚的温度比室内设定点温度低几度，且湿度也在舒适范围内；

2　在住户上班前几个小时，启动暖通空调系统的风机（而不是制冷设备），使室外空气进入室内；

3　使用楼宇自控系统，监测室内温度、制冷设备的启动时间和制冷设备的能耗；

4　在不同的几天，采用这些初步措施；

5　在室外条件相似的另外一天，用楼宇自控系统监测室内温度和制冷设备的运行，但不采用室外空气预冷；

6　对比预冷方式和常规方案，估算节能潜力；

7　在不同的几天采取这些措施，对启动时间进行试验，记录室外温度和制冷设备启动工况；

8　根据这些比较，制定建筑的预冷方式标准；

9　当室外环境满足标准时，使用楼宇自控系统自动启动预冷工作模式；

10　持续观察数据，验证和记录节能效果。

5.3 给排水系统

5.3.1 实际运行操作过程按以下方法：应按水平衡测试的要求安装分级计量水表，定期检查用水量计量情况。如出现管网漏损情况，在更换时选用密闭性能好的阀门、设备，使用耐腐蚀、耐久性能好的管材、管件，并提供管网漏损检测记录和整改的报告。

5.3.2 保持供水压力在设计范围内，避免供水压力持续高压或压力骤变。超压出流现象会破坏给水系统中水量的正常分配，对用水工况产生不良的影响。

实际运行操作过程按以下方法：

应对各层用水点用水压力进行定期测试，用水点供水压力不宜大于 0.20 MPa，且不小于用水器具要求的最低工作压力，局部超压部位采取减压限流措施。

5.3.3 节水灌溉系统主要为了弥补自然降水在数量上的不足，以及在时间和空间上的分布不均匀，保证适时适量地提供景观植被生长所需水分。

实际运行操作过程方法为：充分利用自然气候条件，节约灌溉水耗，灌溉系统宜采用自动控制的模式运行，并根据湿度传感器或气候变化的调节控制节水喷灌的运行。如有设备更换，应保留节水灌溉产品说明书并做好相关记录。

5.3.4 场地遵循低影响开发原则，雨水控制与利用应采取入渗系统。

实际运行操作过程方法为：

对入渗地面、设备和设施进行定期检查，清洗和维护，防止堵塞。对入渗水源进行面源污染控制，防止地下水污染。当透水铺装下为地下室顶板时，需保证地下室顶板设置疏水板及导水管，将雨水导入处理设施或市政雨水井。

5.3.5 根据现行国家标准《民用建筑节水设计标准》GB 50555 的有关规定，景观用水水源不得采用市政自来水和地下井水，应利用中水（优先利用市政中水）、雨水收集回用等措施，并根据补水水表做好记录。再生水用于景观用水时，对景观水体进行定期检测，保证水质应符合《城市污水再生利用景观用水水质》GB/T 18921 的相关要求。

实际运行操作过程方法为：

景观水体运行时，可采用机械设施，加强水体的水力循环，增强水面扰动，破坏藻类的生长环境，及时记录非传统水源水量。

5.3.6 公共建筑集中空调系统的冷却水补水量占据建筑物用水量的 30%～50%，减少冷却水系统不必要的耗水对整个建筑物的节水意义重大。

冷却水的损耗主要包括蒸发损失、漂水损失、排污损失和泄水损失，冷却塔应设置必要计量设施核算各项损耗量，并通过运行维护和优化等措施，保证系统的蒸发损失在所有冷却水损耗的 80%以上。冷却塔排污量可根据人工或自动水质检测情况，合理确定。

实际运行操作过程方法为：

冷却塔补水宜采用非传统水源，以节约市政自来水使用量；同时，补水总硬度在 300 mg/L 以上应设置必要的软化设施，防止水质恶化堵塞管道，影响系统运行效率甚至噪声设备故障。

开式冷却塔或闭式冷却塔的喷淋水系统设计不当时，高于集水盘的冷却水管道中部分水量在停泵时有可能溢流排掉。为减少上述水量损失，可采取加大集水盘、设置平衡管或平衡水箱等方式，相对加大冷却塔集水盘浮球阀至溢流口段的容积，避免停泵时的泄水和启泵时的补水浪费。

5.3.8 目前我国现行国家标准《建筑给水排水设计规范》中提出了三种热水循环方式：干管循环、立管循环、支管循环；同时，允许热水供应系统较小、使用要求不高的定时供应系统，如公共浴室等可不设循环管。有调查表明：支管循环方式最节水，立管循环方式的节水量虽比支管循环少但投资回收期较短，具有较明显的经济优势。而干管循环方式无论从节水的角度还是从工程成本回收的角度看均无优势。无循环系统会产生大量的无效冷水量，不符合节水要求，对局部热水供应系统在设计住宅厨房和卫生间位置时除考虑建筑功能和建筑布局外，应尽量减少其热水管线的长度，并进行管道保温。

热水供水水温对节能的影响主要是热水管道的热损失。因此，在满足配水点处最低温度要求的条件下，根据热水供水管线长短、管道保温情况等适当采用低的供水温度，以缩小管内外温差，减少热量的损失，节约能源。

热水的供水水质对节能的影响主要是冷水的硬度。硬度大，易在设备及供水管道内形成水垢，大大降低热交换效果，导致热能损失。因此，对硬度大的冷水应根据实际情况采取适当的水质软化或实质稳定措施。

5.3.9 夏季空调在制冷时，伴有除湿作用，空气中的水蒸气遇到低于露点的室内机翅片表面时，会凝结成液态水，顺翅片流到接水盘被排出室内。而且，对于湿负荷大的环境，冷凝水量越多。

空调冷凝水的无序排放，对建筑外墙造成污染和破坏，影响建筑外观，同时引发邻里矛盾。

5.4 电气与控制系统

5.4.1 变压器运行时自身存在铁损和铜损，所以造成变压器输出功率永远小于输入功率。铁损是由变压器自身结构和一次电压决定的，数值基本不变，铜损则随着负荷电流的变化而发生变化。部分建筑变压器的负载率设计值看似理想，但在实际运营中发现很多变压器的实际负载率只有 10%～30%，可根据实际负荷，调配合适容量的变压器。

5.4.2 在民用建筑中，由于大量使用了单相负荷，如照明、办公用电设备等，其负荷变化随机性很大，容易造成三相负载的不平衡。即使设计时努力做到三相平衡，在运行时也会产生差异较大的三相不平衡，因此，在运行中也要及时进行调整。

具体判断操作过程方法为：

采用计算机集中采集监控的系统，可设置报警阀值，及时发现三相负载的不平衡情况，报警通知相关维护人员。

5.4.3 合理补偿无功功率，不仅可以提供功率因数，而且可以缩小电压偏差范围，对于设备运行的安全和高效节能均有好处。就地补偿即将补偿设备安装在用电设备附近，可以最大限度地减少线损和释放系统容量，在某些情况下还可以缩小馈电线路的截面积，减少有色金属消耗，但初投资和维护费用都会增加。因此，从提高补偿设备的利用率出发，首先选择在容量较大的长期连续运行的用电设备上装设就地补偿。

5.4.4 电力电子元件在建筑内广泛应用，如各种电力变流设备

（整流器、逆变器、变频器）、相控调速、调压装置、大容量的电力晶闸管可控开关设备等，由于其非线性、不平衡性的用电特性导致电能质量恶化。谐波的存在会导致电气设备及导线发热、振动，增加线路损失，缩短使用寿命，还会导致电子设备工作不正常、增加测量仪表误差，增加了电网中出现谐振的可能性。

谐波测量判断和治理方法为：

现行国家标准《电能质量公共电网谐波》GB/T14549中谐波电压限值和谐波电流允许值进行了规定，超出规定要求须对谐波进行治理。谐波治理前需对电能质量进行测量，了解各次谐波的含量，可采用电容器串联适当参数的电抗器治理谐波。对于电能质量要求较高的系统可采用有源电力滤波器对谐波进行治理。

5.4.5 蓄能装置是在电网低谷时段储存冷量或热量，在电网高峰时段供冷或供热的装置。蓄能装置具有降低运行费用、移峰填谷等作用。合理调整蓄能装置的运行时间及运行策略不仅可以通过峰谷电价差，给企业带来可观的经济效益，而且可以缓解高峰时段的电网压力，为经济社会的平稳发展做出贡献。

5.4.6 当人员流动量不大时，系统查出候梯时间低于预定值，即将闲置电梯停止运行，关闭灯和风扇；或限速运行，进入节能运行状态。当人员流动量增大，再陆续启动闲置客梯。

传统的电梯群控系统运送效率较低，人员等待电梯时间较长，电梯将人员运送至目的层的时间较长，如安装目的楼层控制器后可均匀分配乘客，可缩短停站时间，节约电能，提高运送效率。乘客只需通过触摸显示屏上选择目标层，则多媒体显示器会显示而且也会以语音的方式告诉乘客去乘哪台电梯。

由于电梯运行时，有大量的热量需要散出，造成顶层电梯机房内温度过高。电梯回馈系统节能效果可达到30%。此外使用该项技术以后，放热电阻不再工作，电梯机房的室内温度大幅度下降，通常可以下降 5 ~ 10 ℃。同时电梯机房的温度下降以后，有利于对电梯机房设备的安全运行，可延长使用寿命。

5.4.7 采用计算机集中采集系统，将各种智能化系统通过接口和协议开放，进行系统集成，汇总数据库，自动输出统计汇总报表并以数据数字化储存的方式记录并保存，降低设备维护运营成本。

5.5 可再生能源系统

5.5.1 可再生能源建筑应用是建筑和可再生能源应用领域多项技术的综合利用，对可再生能源建筑应用工程节能环保等性能的测试与评价进行规定和要求。

具体能效测评指标要求如下：

太阳能热利用系统实际运行的太阳能保证率应满足设计要求，当设计无明确规定时应满足表 5.5.1-1 的要求。

表 5.5.1-1　太阳能热利用系统的集热效率 η（%）

太阳能热水系统	太阳能供暖系统	太阳能空调系统
≥42	≥35	≥30

太阳能光伏系统实际运行的光电转换效率 η_d 应满足设计要求；当设计无规定时 η_d 应满足表 5.5.1-2 的要求。

表 5.5.1-2　不同类型太阳能光伏系统的光电转换效率 η_d（%）

晶体硅电池	薄膜电池
≥8	≥4

地源热泵系统实际运行的制冷、制热系统能效比应满足设计要求；当设计无明确规定时应满足表 5.5.1-3 的要求。

表 5.5.1-3 地源热泵系统能效比

热源形式	地下水水源热泵系统	土壤源热泵系统	污水源热泵系统	江水、湖水源热泵系统
制热系统能效比	2.50	2.20	2.70	2.10
制冷系统能效比	3.10	2.70	2.90	2.80

5.5.2 系统的防冻是太阳能集热系统的一个重要问题。

具体操作控制策略方法为：

对于直接集热系统，冬季气温低于 0 ℃ 时，应排空循环系统的水；

对于间接集热系统，使用传热工质+防冻液混合工质，应在每年冬季到来之前检查防冻液的成分并及时补充防冻液，也可以通过技术经济比较采用循环防冻的方式实现集热器防冻的目的。

闷晒是指集热器在其内部传热工质无输入和输出的条件下接受太阳辐射的状态。处于空晒和闷晒的集热器，由于吸热板温度过高会损坏吸热涂层，并且由于箱体温度过高而发生变形以致造成玻璃破裂，以及损坏密封材料和保温层等。

具体操作控制策略方法为：在太阳能集热系统运行时，应经常监视太阳能集热系统的温度变化，当温度超过规定值时，应采取相应技术措施如补充冷水，释放过热蒸汽，避免集热器空晒，集热系统停运时可加盖遮挡物避免空晒。

光伏组件的表面积灰等因素会导致系统发电量降低，保持光伏系统表面清洁，是系统效率的重要保证。

具体技术措施和操作方法为：

应定期清洗光伏组件的表面，确保光伏发电系统高效运行，可以通过在光伏阵列附近预留专用于清洗组件的给水管道。

5.5.3 可再生能源系统的独立计量和数据计量可为指导项目运行管理，提供较为详细、准确的基础数据。

5.5.4 在严寒寒冷地区，太阳能资源丰富，通常优先采用太阳能供暖系统，但由于太阳能的不稳定性，以光热利用为主的可再生能源供暖空调系统，一般均需要设置常规能源系统作为辅助能源。

在夏热冬冷地区，当采用地埋管地源热泵系统时，由于空调冷热负荷不平衡问题，通常还需要采用辅助冷却系统。因此，可再生能源用于空调和供暖系统时，通常会采用常规能源作为辅助能源。

可再生能源系统具有较大的节能优势，实际运行中，为充分发挥可再生能源的节能性，应优先开启可再生能源系统。根据负荷和机组容量，制定合理的冷热源启停运行模式，保证可再生能源系统的实际使用量，使得可再生能源实际应用效果和减排量最大化。

5.5.5 地埋管地源热泵系统运行的稳定性与土壤的热平衡有关，应防止热量在地下堆积，保证地下土壤温度不会逐年升高。对地源侧的温度进行监测分析，判断地源侧换热情况，保证土壤有足够的换热能力，系统才能稳定运行。土壤源地源热泵系统一般应用于省内夏热冬冷地区，冷负荷远大于热负荷，系统需设置辅助散热设备，保持土壤热平衡。在制定控制策略时，系统辅助散热设备的启停宜根据地埋管换热器钻孔壁温度和室外空气湿球温度的差值来进行控制，以保证系统处于最节能的运行状态。

5.6 建筑室内外环境

5.6.1 为确保送入室内的新风品质，作出本条规定。新风引入口宜低于排风口 3 m 以上，当新风引入口和排风口同一高度时，宜在不同方向设置，且水平距离一般不宜小于 10 m。

5.6.2 在公共建筑中，禁止吸烟或有效控制吸烟室通风。吸烟室设置排向室外的直接排风，排风口应远离新风口及建筑入口。吸烟室应有密闭到顶的隔墙。吸烟室内保持一定的负压。

　　本条参照美国 LEEDTM 评价标准的要求，"规定室外吸烟区与建筑的所用出入口、新风取风口和可开启外窗之间最近点距离不小于 20 英尺"。

5.6.3 公共建筑运行过程中产生的垃圾，有包括建筑装修、维护过程中出现的土、渣土、散落的砂浆和混凝土、剔凿产生的砖石和混凝土碎块；有包括金属、竹木材、装饰装修产生的废料、各种包装材料、废旧纸张等；有宾馆类建筑的餐厅产生的厨余垃圾等。如果不能合理、及时地处理，将对城市环境产生极大的影响。为此，需要根据垃圾的来源、可否回用性质、处理难易度等进行分类，将其中可再利用或可再生的材料进行有效回收处理，重新用于生产。首先要考虑垃圾收集、运输等整体系统的合理规划。垃圾容器应具有密闭性能，其规格应符合国家有关标准，一般设在建筑物出入口附近隐蔽的位置，其数量、外观色彩及标志应符合垃圾分类收集的要求。垃圾容器分为固定式和移动式两种，应与周围景观相协调，坚固耐用，不易倾倒。物业管理机构应提交垃圾管理制度，并说明实施效果。垃圾管理制度包括垃圾管理运行操作手册、管理设施、管理经费、人员配备及机构分工、监督机制、定期的岗位业务培训和突发事件的应急反应处理系统等。

重视垃圾站（间）的景观美化及环境卫生问题，用以提升生活环境的品质。垃圾站（间）有冲洗和排水设施，存放垃圾能及时清运、不污染环境、不散发臭味。

5.6.4 新建建筑内的送排风平衡由设计解决，本条主要针对局部功能变更情况。小规模局部功能变更（如改为餐饮、厨房等）需要增设排风时，往往忽视补风措施，造成建筑局部严重负压，影响门窗正常开启，恶化使用条件。

5.6.5 现行国家标准《环境空气质量标准》GB 3095 规定二类空气功能区颗粒物（粒径小于等于 2.5 μm）年平均浓度低于 35 μg/m^3，24 小时平均浓度低于 75 μg/m^3。

采用空气净化装置是降低室内（PM$_{2.5}$）颗粒物浓度，有效提高空气清洁度，创造健康舒适的办公室和住宅环境十分有效的方法。

5.7 监测与能源管理

5.7.1 能源管理就是在满足使用要求的前提下，按照既考虑局部，更着重总体的节能原则，使各类建筑设备在消耗能量最久、运行效率最高的状态下达到充分有效地利用能源。

供暖、通风、空调、照明等设备的自动监控系统工作正常。针对现在我国很多绿色建筑具有能源监测系统，但没有对能源管理监测系统的实际数据进行专业的分析和挖掘，导致能源管理监测系统没有起到真正的管理功能，没有真正找到建筑节能潜力和空间，因此，本条文专门增加了数据挖掘和分析功能的要求，以期提高我国绿色建筑运行管理分析水平和能力。

5.7.2 对于公共建筑和采用集中冷热源的居住建筑，其能源消耗情况较复杂，主要包括空调系统、照明系统、其他动力系统等。建议以建筑能源管理系统的数据为基础，定期进行能源审计，调查各部分能耗分布状况和分析节能潜力，提出节能运行和改造建议。

5.7.3 能源计量及数据挖掘的前提条件是计量的数据需要准确，这就要求计量器具能够进行准确计量，故此建立完整的计量器具管理制度、计量器具周期检定及溯源管理是保证数据质量的基础条件。其中计量器具建档制度中应包括新增、更换、报废、使用、维护、保养及考核制度。

定期进行计量器具核准是保证数据质量的必要条件，绿色建筑能源系统运行维护过程中应对计量器具进行定期检定，保证计量数据的准确性。能源计量器具宜定期检定（校准），具体要求如下：

1）应使用经核定（校准）符合要求的或不超过检定周期的计量器具；

2）属强制检定的计量器具，其检定周期、检定当时应遵守有关计量法律法规的规定；

3）非强制检定的计量器具，其鉴定周期可根据不同建筑用能情况自行安排，但不宜超过 5 年。

绿色建筑系统维护中应建立能源计量台账，具体要求如下：

1）保证计量数据真实、完整、规范；

2）建立能源计量台账，保证不同能源品种的计量均有原始记录进行查询，保证计量数据真实、完整、规范，为能源系统数据挖掘及数据分析提供基础数据支持。

5.8 数据统计分析与利用

5.8.1 对用能情况进行详细的记录和统计，有利于分析建筑用能情况，找到不合理的能源消费，提高管理人员节能管理水平。记录数据要求尽量详实，没有自动监测系统时，应采取手动记录的方式，获取相关信息。

5.8.2 设有能源管理系统的工程，其自动报表功能一般都能生成相关成果，用于掌握现场的运行及用能规律、根据负荷变化和被监控对象的特性调整系统控制模式和控制参数、对节能运行措施的效果进行评价。对于未设置能源管理系统的工程，管理人员采用人工分析的办法，也能得到对节能运行有益的数据。附录表格列出了能耗记录及数据分析表格，管理人员可采用表格对运行数据进行分析。

依据《民用建筑能耗标准》GB/T 51161 中的参考值，初步判断建筑能耗的用能情况，并进行用能分析，根据分析结论制定节能运行策略，并对建筑设备监控系统进行修正调适。

5.8.3 项目用水三级计量仪表设置，既能保证水平衡测试量化指标的准确性，又为今后的用水计量和考核提供技术保障。在水平衡测试工作中，搜集的有关资料，原始记录和实测数据按照有关要求，进行处理、分析和计算，形成一套完整详实的包括有图、表、文字材料在内的用水文档。通过水平衡测试提高建筑管理人员的节水意识、节水管理水平和技术水平。

5.8.4 影响设备系统实际耗电量的因素很多，运营管理人员找出对建筑设备耗电量影响最大的因素，并进行重点管控，是最有效的节能手段。

6 维 护

6.1 一般规定

6.1.1 建筑运行时期需要维护的内容繁杂，大体上可分为日常维护和故障维修两大类，本条列举了绿色建筑需要进行日常巡检和维护、故障维修及更新的内容。根据建筑的使用功能，建筑运行使用中需要进行日常巡检和维护的对象分为暖通空调系统、给排水系统、照明系统、电气系统、楼宇自控系统等 11 个系统；对建筑进行维护时，需做好各系统维护工作的分工管理。对建筑运行使用中各系统出现故障应及时作出反应机制进行维修和更新，提高绿色建筑系统运行效率。

暖通空调系统的巡检内容包括：

（1）每两小时对制冷主机、热泵机组、磁悬浮制冷主机、水泵、冷却塔、锅炉、热站进行一次巡检，并记录设备运行参数；

（2）每周对空调机组、风机盘管、散热设备和热回收装置巡检一次，并记录运行状况；

（3）每月对离心通风机巡检一次，每三个月对轴流风机巡检一次，并记录运行状况。

制冷主机的巡视内容和顺序包括：

（1）检查压缩机的油压、油压差\油温及油量；（2）系统探漏；（3）检查不正常的声响、振动及高温；（4）检查制冷剂运行中冷凝器及冷却器的温度、压力；（5）检查阀门开关状态，有无泄漏；（6）检查冷水机出入水温度及压力；（7）检查运转部分润滑油情况及添加适当润滑油。

水泵巡视内容和顺序包括：

（1）检查及调校轴封条；（2）轴承加压；（3）检查不正常噪声；（4）检查防锈部分；（5）检查水管垃圾网；（6）检查运行电流及电压。

冷却塔巡视内容和顺序包括：

（1）检查及清洗水盘；（2）检查及记录散热风扇电动机运转电流；（3）检查噪声及振动；（4）检查填料和布水情况。

热交换器巡视内容和顺序包括：

（1）记录出入水温及压力温度；（2）检查是否有漏水情况。

空调机组巡视内容和顺序包括：

（1）检查空气过滤器空气流动情况，是否发生堵塞；（2）检查噪声及振动；（3）检查框架有无变形；（4）检查通风机转动情况，风管是否漏气；（5）检查阀门开启情况。

散热设备巡视内容和顺序包括：

（1）检查散热器是否漏水；（2）检查散热器表面温度是否过热或过低；（3）检查散热设备阀门开启情况。

给水、排水和热水系统巡检内容包括：

（1）运行中的设备每 4 h 巡检一次，备用设备每个班次巡检一次；

（2）建筑的给排水管井、污水井巡检，每月一遍；

（3）冬季时，公共建筑内有冻结危险的区域，每天晚上巡检一次；

（4）热水系统，对热水管路巡检，每月一遍。

电气系统巡检内容应包括：

（1）配电室设备巡检，每小时一次，并抄表记录；

（2）强电竖井巡检，每周一次，现场测量各相温度、电流、电压，并做好记录，发现异常及时上报；

（3）发电机房和高压配电室巡检，每天两次，记录设备运行状况；

（4）冬季时，管道电伴热巡检，每天晚上一次；

（5）弱电间巡检，每周一次，记录设备运行状况；

（6）网络间巡检，每周一次，记录设备运行状况；

（7）卫星机房巡检，每天一次，记录设备运行状况。

定期对电气弱电系统进行维护，维护内容包括：

（1）对门禁系统、速通道闸、安防监控编码器等设备维护保养，每2月一次；

（2）每季度组织维保单位对空调机组各类传感器、风阀执行器等传感和控制设备校正和保养，每2月一次；

（3）每季度组织消防维保单位对消防主机、报警系统、广播系统等消防设备设施进行保养一次；

（4）组织消防维保单位对燃气系统进行联动测试，每月一次。

6.1.2 设备维护首先应参照制造商的要求进行，在积累足够丰富维护经验的前提下，可做适当改进，但维护保养操作应制度化、程序化。在涉及安全因素的维护过程中，必须严格操作，确保人员和设备安全。

6.1.3 设备的维修是一项系统工程，应合理安排维修人员、器材、工具、维修设备、设施、技术资料和资金，合理确定维修方案并制定维修计划。应保障维修工作的质量，缩短维修时间，减少维修材料浪费，必要时可请专业的维修团队参与维修任务。

6.1.4 建材本地化是减少运输过程资源和能源消耗、降低环境污染的重要手段之一。本条鼓励使用本地生产的建筑材料，提高就地取材制成的建筑产品所占的比例。

6.1.5 各类设施设备系统建立三级保养制度：

1）日常维护保养：设备操作人员进行的经常性的保养工作，主要包括定期检查、清洁和润滑，发现小故障及时排除，做好必要的记录等。

2）一级保养：操作人员和设备维修人员按照计划进行的保养工作，主要包括对设备进行局部解体，进行清洗、调整，按照设备的磨损规律进行定期保养。

3）二级保养：设备维修人员对设备进行全面清洗，部分解体检查和局部维修，更换或修复磨损件，使设备能挂钩达到完好状态。

6.1.6 各类建筑设备系统需对能耗进行每年不少于两次的检查，若发现设备的衰减程度已难以满足建筑功能需求，则需对设备进行维修；若维修后的设备仍无法满足建筑功能需求则需进行更换。维修和更换的过程需进行记录。

6.2 围护结构与材料

6.2.1 利用红外热像仪对屋面、外墙、外窗等外围护结构进行热工性能检查。保证屋面、外墙、外窗等热工性能满足标准的设计要求。围护结构、门窗等处若有空鼓、渗漏的要及时修复。

6.2.2 修补、翻新、改造时，应符合下列规定：

1 应严格控制所选用的建筑材料和装饰装修材料，避免带入新的污染源。现行国家标准 GB18580~GB18588 和《建筑材料放射性核素限量》GB6566 等均对建筑材料有害物质含量进行限定。

2 建筑局部修补、翻新和改造时，往往不需按照设计和审批程序进行，从而也就缺少必要的控制环节，此时必须注意采取必要的技术控制措施，确保不对建筑结构和外围护结构造成不利影响，进一步影响建筑功能和安全性。

3 在保证室内工作环境不受影响的前提下，在办公、商场等公共建筑室内空间尽量多地采用可重复使用的灵活隔墙，可减少室内空间重新布置时对建筑构件的破坏，节约材料，同时为使用期间构配件的替换和将来建筑拆除后构配件的再利用创造条件。

4 建筑材料的循环利用是建筑节材与材料资源利用的重要内容。建筑中采用的可再循环建筑材料和可再利用建筑材料，可以减少生产加工新材料带来的资源、能源消耗和环境污染，具有良好的经济、社会和环境效益。有的建筑材料可以在不改变材料的物质形态情况下直接进行再利用，或经过简单组合、修复后可直接再利用，如某些特定材质制成的门、窗等。有的建筑材料需要通过改变物质形态才能实现循环利用，如钢筋、玻璃等，可以回炉再生产。有的建筑材料则既可以直接再利用又可以回炉后再循环利用，例如标准尺寸的钢结构型材等。

6.3 设 备

I 暖通空调

6.3.1 暖通空调系统中的风管和空气处理设备，应定期检查、清洗和验收，去除积尘、污物、铁锈和菌斑等并应符合下列要求：

    1）风管检查周期每年不少于 2 次，空气处理设备检查周期每年不应少于 2 次。

    2）通风系统存在的污染应在以下情况出现时进行清洗：

        A. 当系统性能下降时；

        B. 对室内空气质量有特殊要求时。

    3）清洗效果应进行现场检测，并应达到下列要求：

        A. 目测法：当内表面没有明显碎片和非黏合物质时，可认为达到了视觉清洁。

        B. 质量法：通过专用器材进行擦拭取样和测量，残留尘埃量应少于 1.0 g/m^2。

6.3.2 暖通空调系统中的阀门、仪表及法兰等部位，应定期检查和保养，如有故障问题需进行维修。

6.3.3 公共建筑内部厨房、厕所和地下车库的排风系统中的空气是遭到污染的空气，很容易溢出，进入到建筑内部，对室内环境造成污染，所以，对这三类排风系统，应重点进行系统检查和维护，根据检查结果清洗或更换，清洗周期宜每月不低于一次。应聘请具有专业消防资质的清洗单位对厨房烟道清洗。

6.3.4 设备及管道绝热材料是减少能量浪费的重要保障，设备及管道绝热材料的检查、检测周期每年不应少于两次，确保绝热设施完好、性能正常。有破损或失效的绝热材料应及时进行修补或更换。

6.3.5 为保证能量回收系统的能量回收效率和效果，宜定期进行检查，宜每年每个运行季节（供暖季、制冷季）不低于一次进行检查及清洗，两个工况运行季节均需检查和清洗，保证热回收效率。

6.3.6 为确保送入室内的新风品质，做出本条规定，风管检查周期每三个月不少于一次。

6.3.7 因地质原因，成井后井水中含沙量一般达不到设计要求，在实际运行中，会使水源侧水系统的阀门、管件、主机等设备及附件造成堵塞磨损，影响系统的正常运行。当系统过滤器等堵塞时，会增加循环泵的能耗，使设备磨损加重，同时水流量减少会导致机组能耗增加，所以要对除砂器、设备入口过滤器定期进行清洗，减少系统含沙量。在装有过滤除砂设备的系统中，运行时仍会有少量的细沙经过系统流到回灌井中，运行一段时间后回灌的细沙在回灌井中沉淀下来，堵塞井壁，回灌能力下降，影响系统正常运行，为避免堵塞要定期回扬清洗处理。因此，地下水源热泵系统应定期对取水和回灌井做清洗回扬处理，并定期对旋流除砂器及设备入口的过滤器进行清洗。

6.3.8 为保证空调水系统水质符合相关标准，宜每个运行季节不低于两次进行检查，若水质不满足要求需进行清洗。

Ⅱ 给水排水

6.3.9 检测内容及周期：

1 直饮水按照国家有关规定定期送检；

2 每半年聘请具有资质的专业机构对生活水箱进行一次清洗并对水质进行检测。

6.3.10 使用非传统水源的场合，其水质的安全性十分重要。为保证合理使用非传统水源，应每月不少于一次对出水设施标识牌和安全隐患进行检查，发现标识牌有问题并存在安全隐患时需及时排除；为实现节水目标，每月应对使用的非传统水源进行检测一次，并准确记录。同时，为便于对非传统水源利用设施进行有效管理和评估，应对非传统水源供水量进行记录。

6.3.11 通过供水管网、仪表和阀门的检查，结合供水量的计量监测，可以发现由于管网漏损或阀门漏损导致公共建筑内不合理时间、不合理用户处的用水量，及时采取措施进行维修更换。

主要检查内容包括：

1）阀门：检查开关是否灵活，是否有跑、冒、滴、漏现象；

2）仪表：清洁表壳，观察指针转动是否灵活，表面玻璃是否完整、无污物遮挡等。检查周期不低于每月一次。

6.3.12 卫生器具更换时应选用中华人民共和国国家经济贸易委员会 2001 年第 5 号公告和 2003 年第 12 号公告《当前国家鼓励发展的节水设备（产品）》目录中公布的设备、器材和器具。根据用水场合的不同，合理选用节水水龙头、节水便器、节水淋浴装置等。所有用水器具应满足现行标准《节水型生活用水器具》CJ/T164 及《节水型产品通用技术条件》GB/T18870 的要求。

物业应做好节水器具更换记录，保留产品说明书、产品节水性能检测报告等工作。

6.3.13 雨水基础设施有雨水花园、下凹式绿地、屋顶绿化、植被浅沟、雨水管截留（又称断接）、渗透设施、雨水塘、雨水湿地、经过水体、多功能调蓄设施等。

6.3.14 检测内容及周期应满足下列规定：

1 热水水质按照国家有关规定每两月一次送检；

2 热水水温按照国家有关规定每两月不低于一次进行检查。

6.3.15 高压配电系统中的发电机房和高压配电室巡检，每天两次，记录设备运行状况，保证发电设备和高压配电设备安全稳定运行。

6.3.16 低压配电室设备巡检，每班一次，并对设备正常良好情况做好记录。

6.3.17 电梯属于特种设备，其日常检查检修及维护保养工作是电梯安全运行的重要保障，需严格按照国家相关技术标准规范要求进行维护保养工作。

电梯定期检查，至少每半月检查一次。

主要检查内容包括：

1）机房：检查各类动力、制动、减速等设备是否完好；

2）层站设备：井道护围、层门、层数按钮等设备是否完好；

3）轿厢：检查紧急报警装置等安全装置是否完好；

4）井道地坑内设备：检查各开关、轿底导靴、运行电缆等是否完好。

6.3.18 普通照明灯具指民用建筑中日常工作生活中正常使用的灯具，其检查为每周不低于一次；消防应急灯具指消防应急和安全需求设置的灯具，其检查为每季度不低于一次；建筑照明功率密度和质量应符合现行国家标准《建筑照明设计标准》GB 50034 的规定。

6.3.19 对于继电控制系统、可编程控制系统和微机控制系统，由于系统的组成形式不同，维护的工作内容也有区别；如发现控制系统的元件无法正常动作，需及时进行更换。

6.3.20 能源计量及数据挖掘的前提条件是计量的数据需要准确，这就要求计量器具能够进行准确计量，故此建立完整的计量器具管理制度、计量器具周期检定及溯源管理是保证数据质量的基础条件。其中计量器具建档制度中应包括新增、更换、报废、使用、维护、保养及考核制度。

绿色建筑能源系统运行维护过程中应对计量器具进行定期自校，周期不低于每月一次，保证计量数据的准确性。

6.4 绿化及景观

6.4.1 绿化管理制度主要包括：对绿化用水进行计量，建立并完善节水型灌溉系统；规范杀虫剂、除草剂、化肥、农药等化学药品的使用，有效避免对土壤和地下水环境的损害。

绿化的操作管理制度不能仅摆在文件柜里，必须成为指导操作管理人员工作的指南，应挂在各个操作现场的墙上，促使值班人员严格遵守规定，以有效保证工作的质量。

6.4.2 绿化是城市环境建设的重要内容。大面积的草坪不但维护费用昂贵，生态效果也不理想，其生态效益也远远小于灌木、乔木。因此，合理搭配乔木、灌木和草坪，以乔木为主，能够提高绿地的空间利用率、增加绿量，使有限的绿地发挥更大的生态效益和景观效益。

绿化植物应满足以下条件：

1 种植多种适应当地气候和土壤条件的乡土植物，并采用乔、灌、草结合的复层绿化，且种植区域有足够的覆土深度和排水能力；

2 居住建筑小区每 100 m² 绿地上种植不少于 3 株乔木。

对行道树、花灌木、绿篱定期修剪，草坪及时修剪。及时做好树木病虫害预测、防治工作，做到树木无爆发性病虫害，保持草坪、地被的完整，保证树木有较高的成活率。发现危树、枯死树木应及时处理补栽。

6.4.3 无公害病虫害防治是降低城市环境污染、维护城市生态平衡的一项重要举措，对于病虫害坚持以物理防治、生物防治为主，化学防治为辅，并加强预测预报。因此，一方面提倡采用生物制剂、仿生制剂等无公害防治技术，另一方面规范杀虫剂、除草剂、化肥、农药等化学药品的使用，防止环境污染，促进生态可持续发展。

6.4.4 本条文特殊空间绿化包括墙体绿植工程、护栏和围栏绿植工程、屋顶绿植工程等技术。植物枝条应做好牵引工作，使其沿依附物向指定方向生长。依攀缘植物种类、时期不同，应采用不同的方法，如捆绑设置铁丝网（攀缘网）等。另外，为改善植物光照、增进其观赏性或促使花果生产，在植物生长季节应进行理藤、造型，使枝条均匀分布，以逐步达到满铺的效果。

6.4.5 检查内容包括自动化控制系统的感应装置的有效性，管道、阀门是否漏水，灌溉喷头是否堵塞等。

6.4.6 检查建设用地中绿地的覆盖情况，不得改变该绿地性质作他用，应能保证建设用地范围内的绿地比例不变；已建成的透水地面不得改变为硬化地面，以保证该区域内的透水量满足原有设计要求。

6.4.7 建筑小品如雕塑、壁画、艺术装置等应每周不低于一次进行全面检查，并进行清洗，保证建筑小品无缺损；水池景观每周对水质进行清理，保证水池水体不发臭。

6.4.8 草坪春、秋、冬每 2 月修剪一次，夏季每月修剪一次；大乔木及树木一年修剪两次；另景观植物需根据植物性质每月进行一次检查，如发现枯枝或者长势破坏观赏性则需及时进行修剪。

6.4.9 采用屋顶绿化的建筑，需对绿化范围内的屋面防水和保温性能每年不低于一次进行检查，保证屋面绿化的蓄水、排水和防水性能满足使用要求，保证屋面保温性能符合原有设计要求。

7 管　理

7.1　一般规定

7.1.1　运行维护管理单位是业主单位选评出来的单位，主要负责建筑的基础建设和重要系统设备的运行维护管理工作。运行维护管理单位的接管验收的接管主体为建筑所属业主单位，由业主提供建筑基础建设和重要系统设备等相关技术材料。根据四川省住房和城乡建设厅【川建房发〔2011〕133 号】《四川省物业承接查验办法》对绿色建筑物业的共用部位和共用设施设备进行承接查验与验收。

运行维护管理单位的接管验收是运行维护管理的基础工作和前提条件，也是运行维护管理工作真正开始的首要环节。物业接管验收有助于促进提高施工单位建设质量，加强物业建设和管理的衔接，提供物业管理的必备条件，确保物业管理的安全和使用功能。在接管验收过程中应把握原则性与灵活性相结合、细致入微与整体把握的原则，灵活应对非原则性不一致问题，严格检查工程质量。接管验收的内容不仅限于建筑工程，还应包括附属设备、配套设施、道路、场地、环境绿化等综合功能。为确保物业管理工作的顺利开展，在规划、设计、施工阶段可以征求运行维护管理人员的意见。

7.1.2　通过参照 ISO 9001 质量管理体系、ISO 14001 环境管理

体系认证、OHSAS 18001 职业健康安全管理体系、现行国家标准《能源管理体系 要求》GB/T 23331 等标准管理体系建立起的物业管理机制，有利于吸取国际上先进的物业管理做法，在建筑运行过程中达到节约能源，降低能耗，降低环境破坏风险，减少环保支出，降低运行成本。

7.1.3 绿色建筑的运营与维护需要现代化、专业化的物业管理模式，其中最主要的内容就是建立起一套完整的管理制度。管理制度应从技术、人员两方面作为主要管理内容。对于物业设施设备，应建立运行维护操作规程、工作管理制度。人员方面，应建立完善的责任制度和物业设施设备岗位管理制度。

运行维护操作规程主要规范物业管理人员对物业设备设施的操作与维修，应包含安全操作规程、保养维护规程。

工作管理制度主要规范常规运行管理及物资管理，包括设备运行管理制度、预防性计划维修制度、物资工具及保管制度、人员责任制度等。

经济管理制度包括对资金筹集运用的管理，固定资产和经租房产租金的管理，租金收支管理，商品房资金的管理，物业有偿服务管理费的管理，流动资金和专用资金的管理，资金分配的管理，财务收支汇总平衡等。

7.1.4 在建筑物长期的运行过程中，用户和运行维护管理人员的意识与行为，直接影响绿色建筑的目标实现，因此需要坚持倡导绿色理念与绿色生活方式的教育宣传制度，培训各类人员正确使用绿色设施，形成良好的绿色行为与风气。

倡导建筑使用者按照节能用电原则规范使用行为。集中空调的运行管理涉及很多方面,首先要加强对空调末端使用者的宣传,倡导用户合理使用空调,提高空调区的密闭性从而减少冷量浪费。此外要通过加强现有空调设备的运行管理以及加强运行人员的管理来达到节能的目的。对于绿色建筑的节能维护,应杜绝开窗运行空调、无人照明、无人空调等不良习惯。

运行维护管理单位有义务对用户行为绿色化进行宣传教育,可以根据用户入住情况采用定期或不定期方式集中开展行为节能、环保宣传教育。

7.1.5 物业接管验收管理档案的建立有利于物业方在建筑运行全过程中对建筑总体情况进行把控,便于事后追溯,可作为管理证据。档案的管理应制定严格明确、完整严密、便于操作的管理办法,做到对档案统一编号、分类归档、电子化存储、使用有则、责任明确。

7.2 运行管理

7.2.1 基础设施设备的操作规程应包括设施设备的概况、运行方式、操作方法、巡查规程、安全管理、紧急事故处理等方面。不同运营位置应设置不同的运行管理岗位,明确岗位人员配置和责任。

针对绿化、环保及垃圾处理制定专项管理制度。物业管理工作不仅仅针对建筑主体内部,建筑外部的环境也将会从空气品质、通风质量、采光效果等多方面影响建筑内部环境,从而影响室内人员的身体健康及工作效率等。因此，物业管理应对周边环境进行保养维护，从而建立起人与自然和谐共处的良好环境。室外环境的维护主要从视觉、听觉、嗅觉等方面进行综合管理，对绿化、照明、垃圾、废水废气、固体废弃物以及危险物品进行综合管理，管理应规范化、专业化，达到最好的效果。

对设施设备运行状态的监测应制定监测方法、操作规程及故障诊断与处理办法。对于设施设备的使用情况，除了日常的安全操作和维护外，还应加强对设备状态的检测和诊断处理。日常操作可以保证设施设备当时的状态良好，而长期监测其性能则可以从动态的数据中发掘潜在的风险，通过对故障的预判和处理则可以降低日常操作中不易发现的问题风险，提高设备运行寿命。

设备噪声及振动越来越多地影响人们日常生活，如水泵房中水泵、风机、变压器等产生的噪声与振动通过结构传声、空气声传声等途径传入室内且影响范围广，造成人们的困扰，制定合理的设备噪声与振动专项管理制度尽可能地降低设备噪声对人们的影响。

此外，对建筑基础设施及设备的运行还应制定紧急事故处理规程，降低突发事件对环境和经济的影响和损失。任何设施设备都存在无法预知的紧急情况发生的可能性，紧急情况所带来的影响也是无法预估的，因此，有必要制定紧急事故的处理规程，主要是对操作人员及各层主管人员的反应能力的要求，简化常规操作流程，及时处理事件。

制定交接班制度，交接运行、操作参数及维修记录、运行中的遗留问题等。人员的交接班制度的完善，有利于操作人员对设备状态的持续性了解，可以更好地执行设备操作规程，并及时处理遗留问题。

7.2.2 绿色建筑的运行管理除了常规建筑运行管理内容外，还具有特殊的绿色技术的实施运行，在运行过程中人员的操作水平也会影响其实施效果，因此绿色建筑的运行，应当对操作人员针对绿色技术相关的专业知识进行培训。

具有专业知识的工作人员，对于工作内容具有一定的了解与操作能力。对于工作人员还应定期开展业务培训工作，提高其专业技术能力、实际应对能力，以应对实际操作中不断发现的新问题和技术的不断发展所带来的新挑战。

7.3 维护管理

7.3.1 物业设施设备主要包括强电系统、弱电系统、暖通空调系统、给排水系统、防雷接地系统等。

物业设施设备的维护保养管理制度主要应包括维修养护方式、日常维护、定期维护、定期检查、精度检查、巡检制度、故障与事故管理方案等内容。

制定合理的巡检制度及计划，对设施设备运行应日常巡检和计划巡检，核查运行情况并形成巡检记录。巡检计划应明确巡检日期、巡检人，包含巡检内容、巡检周期、巡检要求等内容，并应记录巡检结果、处理意见等相关内容，以方便交接班人员对设备设施的运行和维护情况的了解。

7.3.2 日常保养作为物业设施设备的基础保养内容，对其性能有着最基本的保障，建立定时定期的养护方案，对设备长期运行状态保持良好起着至关重要的作用。故障和事故的发生往往是日积月累的结果，日保养、周保养等不同周期的保养，可层层降低故障与事故的发生率。

7.3.3 随着网络信息化时代的不断发展，建筑运行的过程也应跟上时代大发展的脚步，利用高效管理软件预先制定维护保养方案、明确人员职责，提高维护保养的实际效果，提高管理水平和管理效率。运行维护管理单位应对物业设施设备的运行、操作、维护形成完整的技术档案，作为设施设备管理证据，便于实施管理以及优化今后运行维护方案。